自媒体录音技术入门与进阶

[日]三岛元树　著

胡　琪　译

電子工業出版社

Publishing House of Electronics Industry

北京・BEIJING

图书在版编目（CIP）数据

自媒体录音技术入门与进阶/（日）三岛元树著；胡琪译.—北京：电子工业出版社，2024.4

ISBN 978-7-121-47513-9

Ⅰ.①自… Ⅱ.①三… ②胡… Ⅲ.①数字音频技术 Ⅳ.①TN912.2

中国国家版本馆CIP数据核字（2024）第059512号

责任编辑：田　蕾
印　　刷：北京缤索印刷有限公司
装　　订：北京缤索印刷有限公司
出版发行：电子工业出版社
　　　　　北京市海淀区万寿路173信箱　　邮编：100036
开　　本：787×1092　1/16　　印张：9.25　　字数：266.4千字
版　　次：2024年4月第1版
印　　次：2024年4月第1次印刷
定　　价：89.00元

凡所购买电子工业出版社图书有缺损问题，请向购买书店调换。若书店售缺，请与本社发行部联系，联系及邮购电话：（010）88254888或88258888。

质量投诉请发邮件至zlts@phei.com.cn，盗版侵权举报请发邮件至dbqq@phei.com.cn。

本书咨询联系方式：（010）88254161～88254167转1897。

序　言

本书是“录像师音频工作坊”系列的重新编辑版本，该系列在 *VIDEO SALON* 2018 年 4 月号开始连载，一直连载到 2020 年 3 月号，主要面向将来想要尝试后期制作的声音创作者们。如标题所示，该系列文章在连载时的主题，主要是为不断增多的视频、电影创作者们介绍必备的理论知识和实际操作技巧，让他们在一定程度上能够掌握音频剪辑的能力。在这两年的连载过程中，我深切感受到对于那些没有相关实操经验的人来说，能够充分理解和处理“声音”这种看不见的东西是一件相当困难的事情。不过，我还是希望可以在某种程度上激发大家对声音的兴趣，并且让大家对如何进行音频的实际操作有一个最低限度的了解。那么，为什么想要扩大说明的范围呢？虽然其中不乏编辑部的意见，不过更多的还是像我前面所叙述的那样，MA（Multi Audio 的缩写）是音乐制作的延伸，我在进入这个领域时遭遇了很多困难，所以我想为后来的学习者们留下一些有用的信息。事实上，不少录音室和商业音乐制作公司想要拓展后期制作方面的业务，纷纷来请求我为他们提供咨询，还有我认识的音乐家们也逐渐投身于视频制作的浪潮。近来这些情况变得越来越多了，说明视频和动画的市场需求在不断增加。另一方面，由于预算不足，越来越多的视频、动画创作者们不得不亲自剪辑音频，但很多时候往往不能保证声音的质量，这也是无法忽视的事实。不过，要说理想情况的话，即便那些视频、电影创作者们无法做到完美的音频处理，由那些在各自领域不断打磨技巧的人通力合作，说不定反而能更好地提高作品的整体质量，有利于作品的最终呈现。新环境极大地改变了我们的工作方式。在不久的将来，不同地方的创作者们一起远程工作的情况会变得越来越普遍，那时我可以肯定的是，个人创作者们也需要掌握声音后期制作的知识和技能。所以，我希望这本书能够对他们有所助益。

目录

第1章 准备篇 7

1-1 关于数字音频 …… 8
1-2 MA&旁白录制的必要设备 …… 14
1-2-1 声音后期制作的PC选择 …… 15
1-2-2 DAW …… 19
1-2-3 音频I/F（音频接口）…… 23
1-2-4 监听音箱/监听耳机 …… 25
1-2-5 麦克风 …… 30
1-2-6 内置麦克风的录音机 …… 36
1-2-7 用于麦克风录音的配件 …… 40
1-2-8 在自己家中搭建三岛式旁白录制环境 …… 42
1-3 室内音响 …… 47
1-3-1 室内音响是什么…… 47
1-3-2 音响修正手段 …… 53
1-4 监听 …… 55
1-5 著者自宅录音室介绍 …… 57

第2章 实践篇 61

2-1 MA的工作流程 …… 62
2-2 导入数据（数据的交付）…… 64
2-3 整理音轨和读取视频 …… 67
2-4 调音 …… 72
2-4-1 旁白、对话的调音 …… 72
2-4-2 环境音的调音 …… 89
2-4-3 BGM的调音 …… 90
2-4-4 通过iZotope产品提高音频处理效率 …… 94
2-4-5 利用iZotope RX 7对采访录音进行调音 …… 98
2-5 混音 …… 104
2-6 调整响度 …… 110
2-7 DaVinci Resolve内置的Fairlight …… 116

第3章 MA工作室 119

3-1 MA工作室的工作 …… 120
3-2 专业后期工作室的优点 …… 125

第4章 为视频制作的音乐 129

4-1 视频音乐的作用 …… 130

第5章 篇末采访 135

5-1 采访1 小牧修二
利用露营车也能工作的mobile&remote MA的实践者 …… 136
5-2 采访2 L'ESPACE VISION
致力于实践MA远程录音的声音后期制作手法 …… 139
5-3 采访3 中岛康弘
从视频导演转型为作曲家 …… 143

后记 …… 146

专栏
关于环境噪声 …… 41
outboard 器材真的有必要吗 …… 60
"插入"与"发送"…… 85
理解"压缩器"与"限制器"…… 92
理解"总线"…… 108
电缆改变声音 …… 128
音乐库服务 …… 134

第 1 章

准备篇

先来看一下音频的基础知识以及 MA 所需的设备和环境。

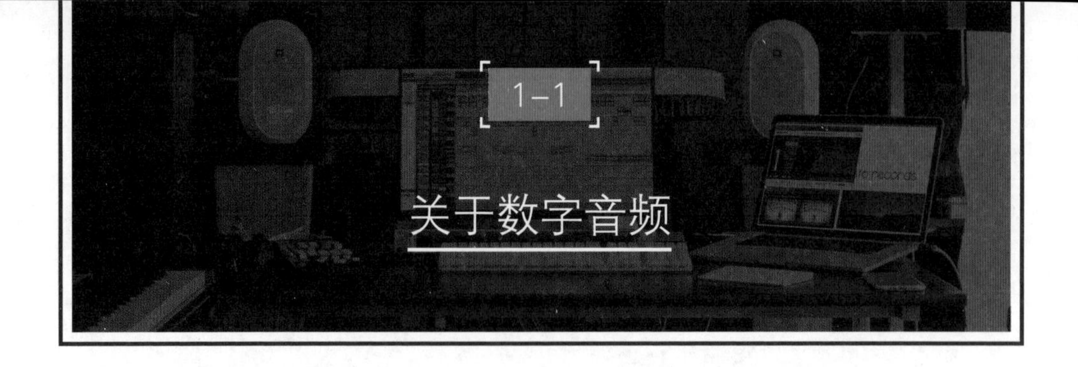

首先，我们来了解一下音量的单位（表 1）。我想大家都知道表示音量的单位是 dB（读作分贝）。如果翻阅音频设备的目录或相关的专业书，说不定还会困惑为什么存在“dBm”“dBFS”等各种各样的称呼。不过，这里不展开说明了（请大家自行查阅专业图书），只简单地介绍我们在实际应用中经常会使用到的单位。

表 1　表示音量的单位

dB	衡量声音强度的单位，相对值	使用情况类似于“旁白部分，请再调高 3dB”等场合
dBu	主要用于专业音频设备的绝对值	0.775V=0dBu。专业设备的参考电平为 +4dBu
dBV	主要用于民用音频设备的绝对值	1V=0dBV。民用设备的参考电平是 -10dBV
dBFS	只用于数字音频的绝对值	FS 指的是 Full Scale。0dBFS 是最高值
dB SPL	表示声压的绝对值	SPL 指的是 Sound Pressure Level，20μPa=0dB SPL（人类可听到的最小声压）
dB-A（dB A 特性）	考虑到人类听觉特性的声压绝对值	对 dB SPL 进行加权处理，数值最接近于人类听觉

首先，“dB”是作为基准使用的音量单位，与此相对，“dBu”“dBV”主要用于电气方面，而“dBFS”是数字时代使用的音频计量单位，“dB SPL”“dB-A”是声音作用于空气的力，大家姑且可以这样先记下来。

接下来，让我们看一下数字音频的基础知识。数字音频分为很多种，我将其中最主要的种类进行了总结，如表 2 所示。

怎么样？有些可能是你所熟悉的，但有些也许是你初次见到的。其中，时下最适合视频制作的是“线性 PCM”，理由如下：

1. 因为是非压缩格式，所以音质很好。
2. 可以利用剪切、粘贴或其他方式进行编辑。
3. 作为世界上最普及的数字音频格式，基本适用于所有设备、软件。

表 2　数字音频的类型

	文件形式	特征
非压缩格式	线性 PCM（WAV、BWF、AIFF）	最基本的数字音频格式。BWF 是包含元数据的专业 WAV
非可逆压缩格式	MP3、AAC（MP4）等	标准的数字音频格式。在大多数情况下，将非压缩格式的音频数据进行二次压缩。数据的容量变小了，不过音质也会发生劣化
可逆压缩格式	FLAC、ALAC 等	主要用于以高音质进行播放的数字音频格式，具备能够再现压缩前相同音质的可逆性，在数据容量上也不会出现太多的变化
其他	DSD（DSF、DSDIFF 等）	虽然被称为“1bit 音频”，但是与线性 PCM 这样的 multi-bit 音频有着完全不同的特征，因此无法和 WAV 的“24bit”等相提并论。目前是音质最高的数字音频格式之一，但也存在着无法剪辑的缺点

MP3 和 AAC（MP4）是压缩格式，在音质上多少会发生损坏。根据压缩程度的不同，乍听之下可能听不出来，但是不适合作为以视频制作或音乐制作为前提的音频素材。FLAC 和 ALAC 是无损压缩格式，音质上不会发生劣化，但是无法节省太多空间。另外，由于没有用原始格式（没有转换成其他格式）进行剪辑的软件，所以这些格式也并不适合制作。1999 年登场的 SACD 中采用了 DSD，目前这是被称为最接近模拟音频的数字音频格式，在音质方面也比线性 PCM 更具流畅感。在过去十年的时间里，DSD 逐渐为广大消费者所采用，但结构上还是存在着无法直接剪辑的缺点。因此，在制作现场，很多时候 DSD 格式主要用于音乐的一次性录音或混音。

这样一来，对于视频制作来说，“线性 PCM 几乎是唯一的选择”，相信大家都听过这种说法了。当然，如果压缩后的音频不会引起听觉上的不适，那么这种数字音频格式自然也是可以使用的。不过，还是请大家将这些格式作为紧急情况下的选项。想要追求声音品质的话，最好选择线性 PCM。这是因为压缩所造成的数据丢失是不可逆的，而且作品的主文件格式也应该尽可能选择高音质的。

顺便一提，无论选择 WAV 格式，还是 AIFF 格式，从音质上来看两者并没有多大差别。不过，考虑到各种各样的兼容性，使用 WAV 格式来传递数据会更安全一些。

那么，让我们进一步深入了解线性 PCM 吧。线性 PCM 有两种规格（表 3），分别是“位深度”（Bit Depth）和“采样频率”（Sampling Rate）。你是否见过类似“16bit/44.1kHz”这样的标记方式呢？这是将原始声音（模拟音频）以 16bit（2 的 16 次方 =65 536）的声级、1 秒钟进行 44 100 次采样（数字化）的意思！即便这样说，有人还是会疑惑：“这是怎么回事？”所以，这里我们以视频为例来总结一下。

表 3　线性 PCM 的规格

	单位	音频	以视频为例	备注
位深度（Bit Depth）	bit	与音量相关的分辨率。位深度数值越大，越能忠实地再现出细微的声音。在制作中主要使用的有 16bit、24bit、32bit float	相当于明暗差（动态范围）。如果动态范围越广，就越能再现出画面细节，且不会产生爆白或死黑	MP3 等压缩格式是没有位深度概念的
采样频率（Sampling Rate）	Hz	时间上的分辨率。数值越大，则重新生成的声音就越接近原声。但如果采样频率过低，就会无法再现高频声音。随着频率的提高，可以播放到可听范围以上的高音。制作中使用的主要有 44.1kHz、48kHz、96kHz、192kHz	相当于帧率（frame rate）。帧率越高，播放的视频就会越流畅	实际上能够播放的频率上限是采样频率的 1/2。例如，采样频率为 96kHz，那么可以播放的采样频率最高就是 48kHz

※ 连载时主要面向的是摄影师们，不过如果负责音频的人向视频制作者们说明情况，我认为上述这样的比喻仍然是非常有效的。

目前，我认为现在常用的最低质量标准是 CD 所采用的“16bit/44.1kHz”。如果位深度和采样频率均低于这一数值，即便通过自己的耳朵去听，都可以听出不少破音问题。位深度越低，声音越嘈杂；采样频率越低，折叠噪声（在数字化中产生的噪声，具体表现为声音的模糊现象）下降到可感知程度，那么听到的声音会变得越刺耳。另外，请记住采样频率数值的二分之一是实际可被录制 / 回放的频率上限（图 1）。也就是说，如果采样频率是 44.1kHz 的话，也就是说实际可被录制下来的音频采样频率在 22kHz 左右。据说人类的听觉范围在 20Hz~20kHz 左右，从音频规格上来说这个数值是没有问题的。通过将采样频率设定为人类听觉范围上限的 2 倍，那么折叠噪声也会进入人类的听觉范围，然后再借助数字滤波器对折叠噪声进行衰减，就能消除刺耳的折叠噪声，达到 CD 所要求的标准。从这一点出发，我想大家应该可以明白为何将最低限度设定为“16bit/44.1kHz”了吧。

那么，既然理解了 CD 音质是最低质量标准，实际操作情况是怎样的呢？我想这一点才是大家所在意的地方。事实上，所有的音乐作品、视频作品，无论最终成品是压缩文件还是 CD 音质，在制作时都是以最佳音质为前提的。大家是否听说过“高解析度音频”（Hi-Res）呢？ Hi-Res 即 High Resolution，也就是“高分辨率”的意思。“高解析度”的意思是“参数规格高于 CD”。我们在前面已经介绍过 CD 音质的规格，如果高解析度音频的参数规格高于 CD 的，那么它的最低限度至少要达到“24bit/44.1kHz”（16bit 不能认定为 Hi-Res）。但是，这种半吊子的规格，首先是不会被采用的（苦笑）。从结论来说的话，我认为在视频制作中，“24bit/44.1kHz”才是

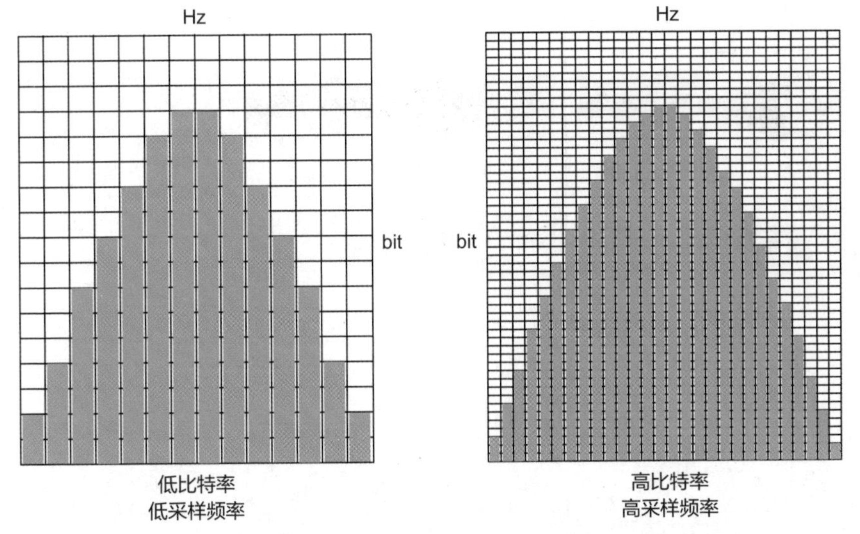

纵轴表示位深度，横轴表示采样频率。两者的形状越细，元波形的再现程度就越高

图 1　位深度与采样频率的关系

最佳选择。要说原因的话，很多包括剧场电影在内的视频媒体都将这个规格作为标准（截至我撰写本书时）便是最好的证明。当然了，在 YouTube 等不少视频平台上，虽然音频是被压缩过的，但主文件必须是高音质的。在音乐制作现场，“24bit/96kHz”已经成为公认的标准，但是考虑到文件容量与机器负荷，设定为“24bit/48kHz”或许更为合理。另外，如果视频是 4K、8K 的高分辨率，声音却是原始品质的话，我个人是无法接受的。从表现力来看，16bit 和 24bit 确实存在着不小的差异，虽然有时并不能明确区分两者。不过，建议大家尽可能以 24bit 去制作视频，对后续操作也会更加有利。

此外，“24bit/48kHz”是一种适合交付的音频格式。实际上，在音乐制作和后期制作等场合，很多时候都是以“32bit float”来操作的。这里的“32bit float”中的“float”指的是浮点运算，一般来说我们熟悉的 16bit 和 24bit 都是基于定点处理的（称为线性，而非浮点）。与此相对，32bit float 是基于浮点处理的格式。在此不做详细的技术解说，只列举一些特征。

- 录音时即便超过了 0dBFS，波形也不会中断（爆音）。超过了这个数值，只要调低音量，波形就会复活（图 2）。
- 在保证分辨率的情况下调高小音量的声音（图 3）。
- 音量下限值为 24bit。

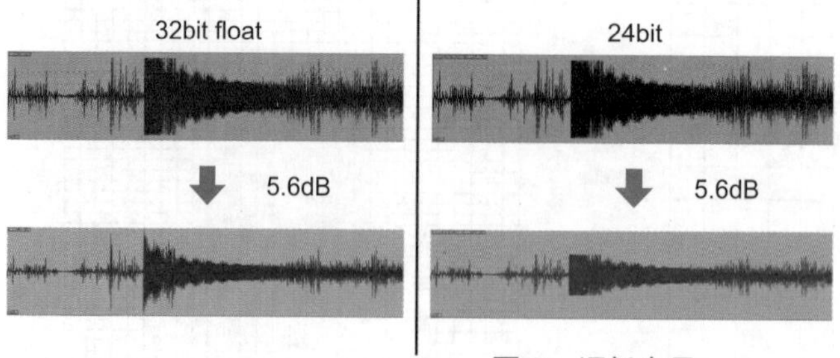

即便超过了 0dBFS，如果是 32bit float，只要调低音量，就能恢复到正常状态。与此相对，如果是 24bit，那么超过 0dBFS 的音频就会丢失，音量也会变小

图 2　调低音量

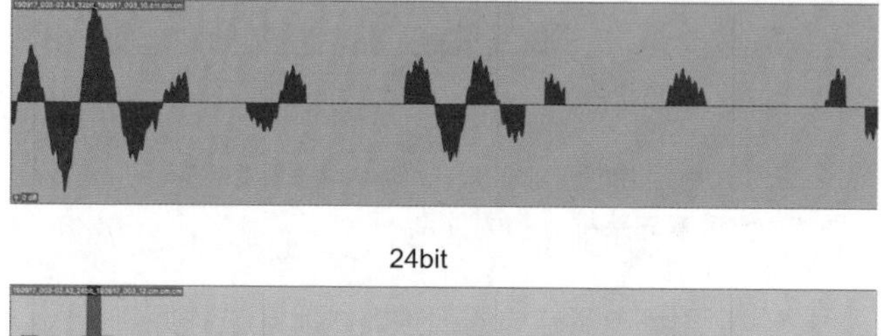

24bit

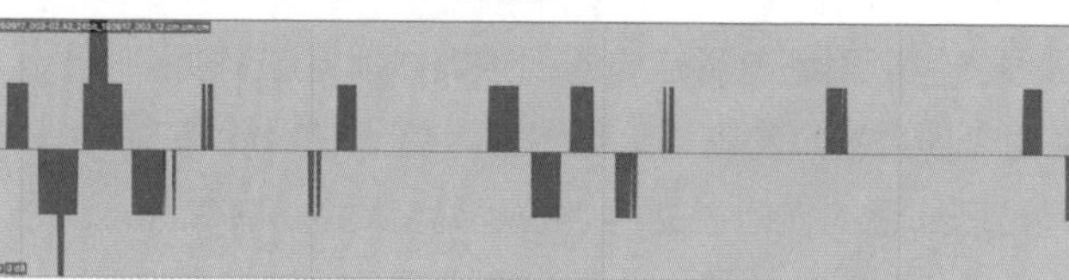

举个极端的例子，分别将以 32bit float 录下来的声音与以 24bit 录下来的声音调低 100dB，然后再调高 100dB，试着比较一下两者之间的差别。正如你所看到的那样，32bit float 保留了波形的形状，而 24bit 的波形发生崩溃，变成了噪声。在实际制作中很难产生实感，但是为了保证剪辑时的品质，还是要注意这一点

图 3　调低后再调高音量

将录音时的音量电平设定得太高，即便超过了 0dBFS，之后也可以恢复，这一点和摄影中即便因曝光失败出现爆白，降低高光等级就能完美保留照片细节相似……大概就是这样的感觉。但是，如果超过麦克风和麦克风放大器的最大输入水平，就会无法避免出现声音失真现象，这一点要多加注意！关于音频的剪辑环境，支持 32bit float 的 DAW 是首要条件，不过我想大多数的音频剪辑环境都是支持 DAW 的（不过有些剪辑环境是不支持 DAW 的，这一点多留意）。通过上述这些情况，我们能将 32bit float 理解为可用于剪辑的、可替代 24bit 的格式吧。考虑到这样的特征，其他制作人员之间的数据交接（不是确认用而是剪辑用），以及最终输出的主文件，我认为 32bit float 是最佳的选择。但是，如果想用监听音箱或监听耳机来听数字音频，就必须进行 DA 转换，而事实上几乎所有的 DA 转换器支持的都是 24bit 格式。最后，我们听到的就是 32bit float 的音频文件被转换为 24bit 格式的。而且，暂且不论从事声音后期制作的专业工程师，就连专业的视频制作专家对 32 bit float 的特征也是知之甚少，所以如果要将最终的混音文件提交给客户，即便对方要求主文件格式是 32bit float，转换成 24bit 的话，也能避免很多问题吧。

说句题外话，ZOOM F6（图 4）是能够以 32bit float 格式进行录音的录音机。在我撰写本书的时候，这是唯一能够轻松入手的支持 32bit float 的录音机，但我相信今后这样的产品应该会越来越多吧。拍摄现场的同步录制，以及录制环境音、拟声音效等情况，如果不介意之后需要剪辑的话，那么这款录音机的录制效果是非常出色的，所以推荐大家购入。

图 4　ZOOM F6

最后，我来讲一讲数字音频的峰值。你可能知道数字音频的音量单位是“dBFS”（dB Full Scale）的绝对值。最大值是 0dBFS，一旦超过这个数值，声音就会出现失真。所以，进行 MA 的时候，我们在利用 VU 表取得音量平衡的同时，还需要用峰值表来监控音量是否超过 0dBFS。但是，这里的问题在于是否存在“True Peak”（TP）。TP 也被称为样本间峰值，在进行 DA 变换或改变采样率的时候，样本与样本之间的峰值变化就会变得十分明显，有时候甚至出现声音失真现象。很多时候数字音频的音量单位会被标记为“dBTP”，数值与“dBFS”相同，只是为了明确这个数值是 True Peak，所以才加上了“TP”。不过，这对于 MA 来说是非常重要的，我将在接下来的实践篇中详细解说。

1-2-1 概要

○ 能够成为 MA 素材的音频格式主要为 24bit / 48kHz 的 WAV（16bit、32bit float 也是可以的）。

○ 自己录制旁白、效果音或拟声音效的话，选择 32bit float / 48kHz。

○ 主文件格式最好选择 32bit float / 48kHz，若只要求交付音频，选择 24bit / 48kHz WAV 更加稳妥。

○ 注意 True Peak！

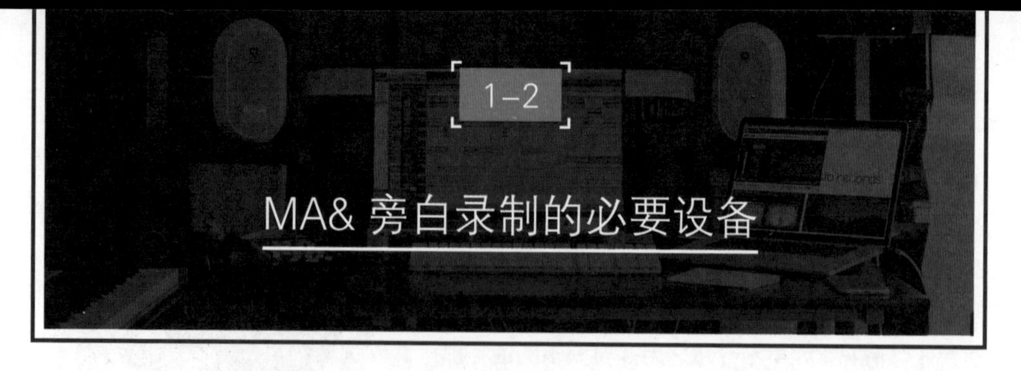

如果你是从事音乐制作或音频剪辑的人，在某种程度上应该已经购入了相应的设备。针对那些刚开始进行音频制作的人，我来列举一下录音前期最低限度要购入的设备吧。

◎必备器材

- PC
- DAW
- 音频 I/F
- 监听音箱 / 监听耳机
- 麦克风　※ 进行旁白录音的场合

◎有之更加便利的器材

- 内置麦克风的录音机
- 用于麦克风录音的配件

这里假设的情况是在某种程度上进行正式的声音后期制作。说得极端一点，只要有 PC 和监听音箱 / 监听耳机，我们就能进行声音的后期制作了。但是，如果想要得到更高质量的声音，那么其他的音频器材也是必不可少的。每种音频设备的价格、性能各有不同。当然了，价格更高的产品，实际也拥有与之相匹配的质量，这是事实。不过不能一概而论，有时候价格越高并不意味着性能越好。选择符合自己的制作目的、制作规模的产品，这一点是非常重要的。

从下一页开始，我将会更详细地介绍这些内容！

1-2-1 声音后期制作的 PC 选择

当今这个时代，如果没有 PC 就说不过去了吧（笑）。我想大部分人都有手机，不过我也曾听说在这个智能手机流行的时代，还有人没怎么碰过手机。从我撰写本书的时间点来看，如果你想要立志从事 MA 工作，没有 PC 是根本无法进行的。将来，平板电脑，比如 iPad 这些设备也可能成为备用选项，不过现在看来，以 PC 为中心的局面还会持续一段时间。

如果是用于工作场合的 PC，尽可能选择高规格、稳定性好的硬件及操作系统等，这样才能长期投入使用，这一点非常重要。而且，从当下这个时代来说，即使是音乐家和工程师，如果在一定程度上不具备处理视频的能力，那么工作范围也会缩小不少。比起音频，视频对器材的要求更高，所以我认为高规格的设备是有必要的。当然，如果只是想尝试或体验一下的话，只要将 PC 配置上满足使用需求的软件或硬件，那就不会出现问题。这里我以用于工作场合的 PC 设备进行探讨。

◎ OS 系统

老实说，Mac 或 Windows 操作系统都是可以的（笑）。或者说，我们可以根据自己想要使用的软件和硬件来选择操作系统。因为 Mac 专用、Windows 专用的软件产品不在少数。若在 MA 工作室等场合使用的话，在大多数情况下我们还是选择 Mac 操作系统。我认为有这种情况主要是因为过去的 Pro Tools 系统（详细内容后述）是 Mac 专用的。如果是自己创作视频，我感觉还是 Windows 用户相对更多。与 Mac 操作系统不同，Windows 操作系统在控制成本的同时，也拥有非常强大的功能，开发了很多免费软件，这是它的魅力。不管怎么说，需要注意的是 Mac OS 操作系统的版本升级。最近，其更新频率比以前更加频繁，如果不小心更新到最新版本，有时候会出现软件和硬件无法兼容的问题，从而导致在一段时间内无法使用，这一点需要注意！同样，在换购 PC 的时候，我们也需要注意 Mac OS 操作系统的版本。

顺便说一下，我人生中的 PC 初体验是来自儿时父亲买的 PC-88。这台计算机可以用 BASIC 语言来画圆形、四边形等一些简单的图形，或玩玩游戏之类的（笑）。到了小学三四年级的时候，Macintosh SE/30 来到了我家。它与 PC-88 完全不同，它的 GUI 好用到让我吃惊！从那以后，我就变成了 Mac 的忠实用户。等到我上高中的时候，Windows 95 面世了，当时我心想“这不是模仿 Mac 嘛”，没有投入过多的关注。不过，Windows 的市场份额从此发生了彻底的逆转……对于 Windows 操作系统，我掌握的不过是最基本的（苦笑）。

◎机身样式

我想还有一点大家也会感到苦恼，那就是选择台式 PC 还是笔记本电脑。一般来说，台式 PC 的性能更高，例如 Mac Pro（2019）的顶级配置等。剪辑 8K 视频的话还可以，若进行音乐制作和音频剪辑的话，就不需要那么高的配置了，将省下的钱用在其他器材上更有意义。但是，在设备的兼容性和扩展性方面，台式 PC 具有压倒性的优势。另外，台式 PC 在使用过几年之后，即便你产生“想要升级”“想加内存”等想法，也能得到满足，所以适合长期使用。像 iMac 这样的显示器一体机，虽然没有台式 PC 那样好的扩展性，但是由于它比笔记本电脑更加灵活，高性能的机型也不在少数，所以我认为其性价比非常高。另外，台式 PC 的排热性能比笔记本电脑好很多，能够抑制因过热引起的 CPU 速度下降。如果是笔记本电脑，进行高负荷处理的话，它会慢慢提升到最高运行速度，机体过热又会导致运行速度下降，无法维持高效的处理性能。如果你重视计算机性能的话，我认为还是选择台式 PC 比较好。

那么，笔记本电脑的优点是什么呢？我想应该是“可以把平时的工作环境原封不动地拿出来”。虽然在性能和扩展性上都不及台式 PC，但对于经常外出的人来说，便于携带这一点是天然的优势。从我个人来说，很多时候为了制作音乐，需要去外面的摄影棚或大厅录制钢琴声。如果是笔记本电脑的话，就可以将在家里使用的系统直接原封不动地带去工作场地，且不会出现软件或插件的安装限制，回家后无须进行数据转移，可以直接开始剪辑工作。另外，在现场演唱会上播放广告，或在 MA 研讨会上做演讲等，笔记本电脑在很多地方都能派上用场。所以，在这八年左右的时间里，MacBook Pro 一直是我工作中的得力助手。近年来，MacBook Pro 的性能越发出色，只要选择配置比较高的机型，就能在工作中游刃有余。缺点是风扇噪声较大。如果身边有噪声源，在用监听音箱进行监控的时候，这些噪声会变得异常麻烦，所以也要好好考虑这一点。

◎ CPU

我想这恐怕是我最在意的部分了，关于 CPU，每天都在发生新变化，性能不断得到提高，即使在这里展开具体的讲述，想必很快也会过时，所以暂且不写了（汗）。不过，有一点可以肯定的是，时下畅销的 PC 一般都是中档以上的配置……如果可以的话，选择最高配置一般不会出错，还能长久投入使用。但是，与用来剪辑视频的设备不同，比起核心数，大家往往更重视时钟频率（主频）。详细内容在此就不展开说了，由于混音工作不适合并行处理，所以计算速度越快越好。话虽如此，如果经常使用电子合成软件的话，那么多核心处理器会更加方便，所以选购 PC，需要综合考虑这两者都不错的规格。从我个人的建议来说，如果是台式 PC 的话，选择 8~16 核左右、时钟频率高的；如果是笔记本电脑的话，选择最高规格就好。

◎内存

PC 内存最低要求 16GB，也可以考虑 32~64GB。我现在使用的 MacBook Pro（Late 2013）的内存上限为 16 GB，使用 Pro Tools 时偶尔会出现“内存不足，请增设物理内存”这样的警告提示（汗）。如果仅仅是音频剪辑和混音处理的话，16GB 也没什么问题；如果是音乐制作，频繁使用电子合成软件的话，可能就不太能应对了。另外，考虑到视频处理，存储空间还是大一些比较好。最近的笔记本电脑大多是直接将内存卡插在主板上，后期是无法增设物理内存的，所以购入时最好选择存储空间足够大的。

◎ GPU

很多人容易误解 GPU 是用于处理图像的，与音频剪辑没有多大关系。但是，在 MA 工作中，读取视频文件的同时，往往也会要求播放声音，所以在很多情况下需要导入多路信号显示器，这样一来 GPU 规格就变得重要起来了。另外，黑魔法设计 DaVinci Resolve（详情后述）等基于 GPU 的剪辑软件，对 GPU 的配置要求相当严格。所以，最好选择时下的最高配置，或比最高配置低一级的配置。如果是笔记本电脑的话，可以姑且将其作为标准，必要时也可以再增设外接的 eGPU。

◎存储空间

关于存储空间，想必 SSD 已经是首选了吧。安装 OS 操作系统的主硬盘需要 512 GB ~ 1TB。关于 SSD 的种类，如果追求速度，M.2 SSD 的性能十分出色，不过连接 SATA 的 2.5 英寸 SSD 在 MA 工作上也是没有问题的。就我自己来说，我会使用 MacBook Pro 的内置 SSD（1TB）、使用 USB 3.0 连接的 2.5 英寸 SSD（1TB）和 3.5 英寸 HDD（7200rpm 3TB），以及用于工作数据备份的 Thunderbolt 连接的 HDD、USB 3.0 连接的 2.5 英寸 HDD，等等，来存储 MA 的会话数据。一般来说，工作上使用速度快的内置 SSD，交付后转移到外部硬盘进行存储。

◎外部连接的扩展性

关于这一点，从所连接的设备出发，根据需要导入各种集线器和扩展坞就可以了。但是，我认为重要的设备还是尽量插在 PC 端接口比较好。说得清楚一点，即便是连接上 PC 端接口，我也推荐连接 PC 端的核心接口。例如，我所用的 MacBook Pro（Late 2013），在左右两侧各配有 1 个 USB 接口，曾经为了进行 OS 新操作系统的测试，将外部 SSD 作为启动磁盘使用时，最初连接的是右侧的 USB 接口，后来在安装特定软件时出现故障、Finder 死机等情况。后来，我改为连接左侧的 USB 接口，上述的那些故障却突然消失了！大概是因为左侧接口是主要接口，右侧接口是次要接口，所以左侧优先级高于右侧。像启动盘、音频 I/F 等出现故障的时候，请记住试试改变连接接口，说不定问题就迎刃而解了。

1-2-1 概要

- 如果优先考虑性能，请选择台式 PC。如果外出携带频率高，尽量选择笔记本电脑吧。（当然了，同时入手这两种是最好的选择！）
- 选择当时所售机型的最高配置，确实能够保障 PC 的长久使用。
- 在 CPU、内存、GPU 上最好不要将就。
- 想要的时候就是入手的时候。

1-2-2 DAW

众所周知，DAW 是“Digital Audio Workstation”的缩写，是一种综合的音频剪辑软件。虽然这款软件可以自由选择……但是，如果把目标锁定在 MA 上的话，选项就非常有限了。之所以这么说，是因为 MA 需要读取视频，还有就是在展开用视频剪辑软件输出的 OMF、AAF 等文件时，DAW 却是必不可少的。从这一点上来说，DAW 需要具备一定的灵活度。所以，在这里我来介绍几款值得入手的产品。

◎ AVID Pro Tools

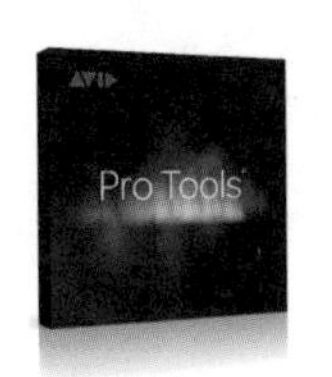

这是业界公认的标准 DAW。在录音棚和声音后期制作时导入概率大概是 100% 吧？刚开始进行 MA 工作的话，选择 AVID Pro Tools 一般不会出错。接下来，本书也会以 Pro Tools 为例进行介绍。

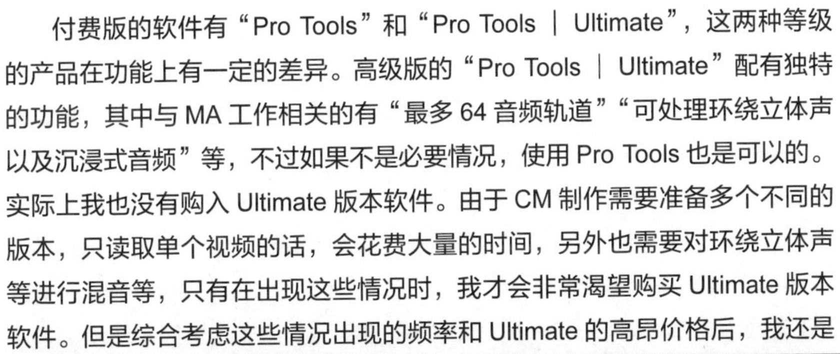

付费版的软件有“Pro Tools”和“Pro Tools ｜ Ultimate”，这两种等级的产品在功能上有一定的差异。高级版的“Pro Tools ｜ Ultimate”配有独特的功能，其中与 MA 工作相关的有“最多 64 音频轨道”“可处理环绕立体声以及沉浸式音频”等，不过如果不是必要情况，使用 Pro Tools 也是可以的。实际上我也没有购入 Ultimate 版本软件。由于 CM 制作需要准备多个不同的版本，只读取单个视频的话，会花费大量的时间，另外也需要对环绕立体声等进行混音等，只有在出现这些情况时，我才会非常渴望购买 Ultimate 版本软件。但是综合考虑这些情况出现的频率和 Ultimate 的高昂价格后，我还是

觉得没有必要购入。这两种等级的产品在价格上相差悬殊（如果是永久许可证版的话，两者的差价竟然达到了 26 万日元（约合人民币 1.3 万元）左右！※ 截至 2020 年），所以好好考虑有无购入的必要吧。

另外，Pro Tools 也有对应的硬件系统——Pro Tools HD，可以使用专门的 DSP 卡和音频 I/F。由于 Pro Tools HD 可以不受 PC 性能的影响，就能营造出稳定的利用环境，几乎所有的录音室都导入了 Pro Tools HD 系统。虽然原本的 Pro Tools 是主流，但是随着 PC 的 CPU 性能不断提高，本地配置的 Pro Tools 也登场了，现在只需要借助软件就可以轻松导入 Pro Tools HD。如前所述，很多录音室都导入了 Pro Tools HD，和这类录音室交流起来会十分方便。

不过，在导入 Pro Tools HD 这种系统的时候，如果很难把握永久许可证版和订阅版（还有新版本以及更新版）等这些版本差异的话，那么购买时最好与店家进行协商。

◎ STEINBERG Nuendo

这款 DAW 的功能也是非常强大的，由同公司的 DAW Cubase 发展而来。Cubase 是一款音乐制作软件，后来追加了面向声音后期制作的功能，也就是 Nuendo。虽然我没怎么听说有大型混音工作室导入这款 DAW，印象里是游戏制作公司和个人创作者使用偏多。

从软件功能来说，比起 Pro Tools，STEINBERG Nuendo 更加丰富！除了环绕立体声，就连 Dolby Atmos 这样的沉浸式音频、Ambisonics 这样的 VR 音频等，都可以一一应对。相位偏移的自动校正、登录经常使用的音频

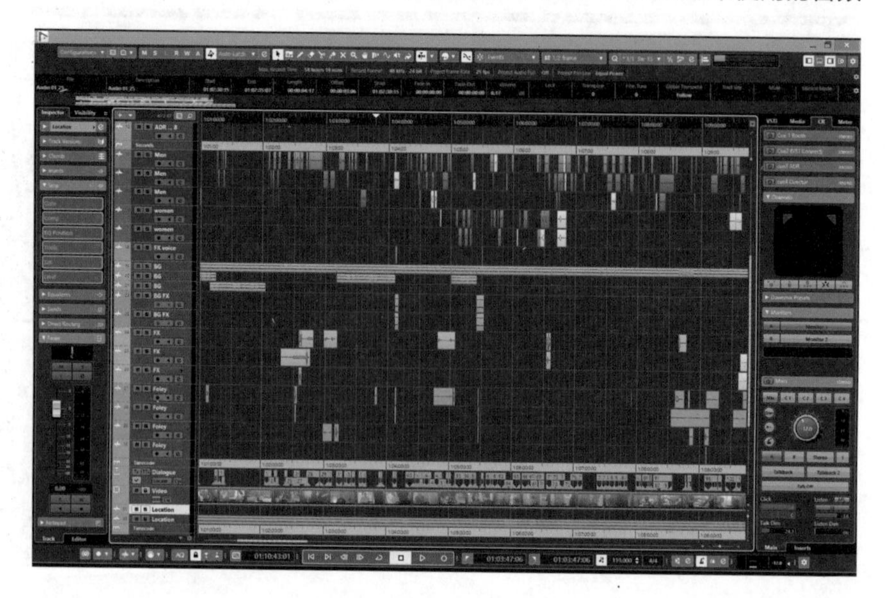

处理和插件的工作链等，仅需一次就能适应，还有面向后期配音的功能，总之配备了很多提高工作效率的便利功能！售价只有 Pro Tools | Ultimate 的三分之一左右（约为 11 万日元，约合人民币 5500 元），十分便宜。如果不需要和录音室等打交道，只是用于自己创作的话，我认为这款 DAW 是非常不错的选择。尤其是在从事音乐制作的人当中，很多都是 Cubase 的用户，后期转向 Nuendo 的门槛也不会很高。

针对不同的情况，Pro Tools 的初期投资和后期维修费用虽然不少，但是如果想要用最低限度的投资来获取高级的软件环境，我认为这款 DAW 还是魅力十足的！我个人也在考虑今后入手这款 DAW。

◎ Blackmagic Design DaVinci Resolve

在很多人的印象里，Blackmagic Design 是一款视频设备，不过这款 DaVinci Resolve 同样也是视频剪辑软件，配有专门用来音频剪辑 / 混音的“Fairlight”。对于了解 20 世纪 80 年代音乐场景的人来说，这个命名是极具魅力的（笑），实际上变成了综合 Fairlight 的软件。不过，Fairlight 并不是配备键盘的采样工作站，而是由用来混音的音频工作站进化而来的，所以并不适用于音乐制作。

那么，它的魅力是什么呢？首先，列举出来的就是几乎所有功能都可以

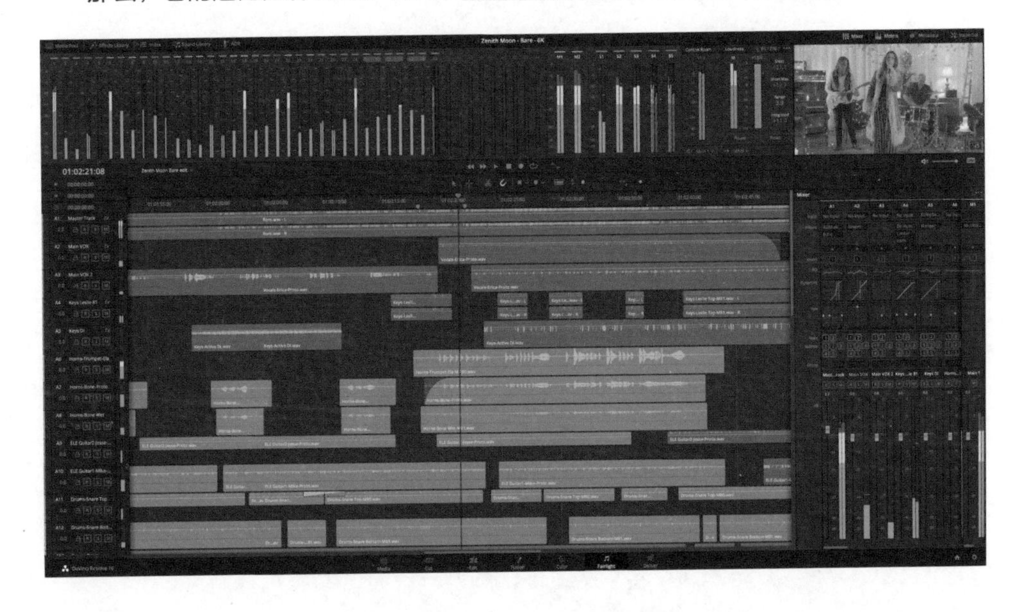

免费使用！无论是视频制作，还是音频剪辑，“因为没有钱买不了软件，所以做不出来”这样的借口已经行不通了（笑）。即使是没有视频制作经验的音乐人，只要有智能手机和 DaVinci Resolve，就可以在不花钱的情况下自己开始制作 MV！关于音频的功能，模拟音频等部分功能只在付费版（3.4 万日元左右，约合人民币 1700 元）下可用。如果是普通的 MA，用免费版制作也是没有问题的。还可以使用 VST（Mac / Win）和 AU（Mac）插件，也可以安装 iZotope RX 7（音频处理软件）作为外部编辑工具，相当方便。

其次，就是与视频剪辑软件进行数据传递的便利程度。如果这两种产品使用同一软件的话，即使不为 MA 编写 Pro Tools 用的 OMF 和 AAF 文件，也可以利用相同的项目文件进行 MA 制作，从而实现高效的工作。

虽然 DaVinci Resolve 的 Fairlight 看起来好处多多，但实际的情况是与其他的 DAW 相比，这款 DAW 的机能性和操作性都不太出色，再加上 DaVinci Resolve 的用户偏少等，不少地方都让人颇为担心……但是，使用这款软件的用户的确越来越多了，相关功能的持续开发也在不断进行中，版本的每次更新都能改善一些不足，所以即便以其他 DAW 为主，从现在开始慢慢接触 DaVinci Resolve，提前记住其操作模式也是不错的做法。

除了上述几种，DAW 还有很多其他种类，在剪辑和混音方面基本相差无几，虽然也可以使用这些 DAW 软件，但我认为最适合用于 MA 的还是上述三种。实际上，作为音乐制作方面的主流 DAW，我使用的是 PreSonus Studio One 5，不过对于 MA 来说，这款 DAW 在功能上尚有不足之处，所以从现实出发，我选择了惯用的 Pro Tools。另外，如果需要处理多个音频，我会选择使用 DaVinci Resolve。

1-2-2 概要

- 想要后期与录音室合作，以及掌握通用技能的话，可以在开始阶段选择 Pro Tools。
- 如果是自己独立完成作品，使用其他款 DAW 也没有问题。
- 有时候也可以根据需求同时使用多款 DAW。

1-2-3 音频 I/F（音频接口）

虽然价格和音质都不能忽视，但最重要的还是选择符合制作目的的产品规格。

如果用麦克风录音，选择搭载麦克风程序的音频 I/F 会十分方便，如果只是处理立体声的话，选择模拟 2ch 输出就足够了。若将来还想做环绕立体声的话，就选择多音轨输出的模式。如果不是因为兴趣，而是想将其作为工作来做的话，首先购入优质设备作为前期投资，这样以后就无须重复购买了。从构建自己心中的标准录音环境来说，这一点非常重要。

另外，要看音质是否令人满意……如果方便的话，我强烈推荐大家去乐器店或音频工作坊，好好试听之后再行决定！

关于与 PC 端的连接方式，目前的主流方式是 USB 2.0。虽然出现了 USB 3.0、Thunderbolt 连接、以太网连接等，但这些连接方式集中在有多输入 / 输出端口的高价机型。与视频不同，音频对传输速度没有过多的要求，所以基本上 USB 2.0 就足以应对了。但是，随着时代的发展，Win/Mac 的主流接口规格也在不断发生变化，因此有必要随时关注这些信息，及时更新。顺便说一下，曾经作为主流的 FireWire 连接已经退出了历史舞台（苦笑）。盛者必衰……

另外，最近的趋势是很多音频设备都搭载了数码混音器功能，还有内置了如 EQ、压缩器、滤波器等各种各样的处理器，利用这些处理器对音频效果进行处理，可以在不给 PC 增加负荷的情况下进行声音后期制作。其中，虽然 UNIVERSAL AUDIO 的 UA 音频接口是最先进的，但是我一直爱用的 RME 产品也配备了相应的功能，用起来非常方便。由于能够规避经由 DAW 等软件而产生的延迟问题（回放延迟），录制旁白等可以毫无阻碍地进行下去。

此外，如果你打算使用 Nuendo 和 Cubase 等 STEINBERG 旗下的 DAW 软件，那么使用该公司的 AXR 系列和 UR-C 系列，便可以进行 32bit 的录音 / 回放！它与 32bit float 不同，甚至比 24bit 拥有更加广阔的动态范围。关于是否能够灵活利用这种绝佳的规格，这尚且存在探讨的空间，不过从我个人对未来的感知出发，这些产品会让人产生一种“好呀！实现了！”的感觉。目前，只有 STEINBERG 旗下的 DAW 能够处理 32bit 的音频 I/F，暂且不论规格和音质的好坏，请好好考虑这个特征吧。

最后，我建议大家选择厂家能够提供切实售后服务的产品。从我个人的经验出发，RME Fireface UFX 刚刚上市的时候，我就开始使用这个产品，到现在为止已经用了 10 余年，这款产品仍然在更新驱动程序和固件，可以完美应对最新的 OS 操作系统，所以我感到十分安心。在购买这款产品后的好几年时间里，我也受到了进口代理维修店的诸多关照（RME 产品基本很少发生故障，可能是我中了头彩吧？由于代理店也是初次听说这种故障，所以为此烦恼了好长时间）。另外，这个建议也适用于其他的音频设备，尤其是这些音频设备要在工作中使用的话，我强烈推荐大家从值得信赖的商店购买！比如前面提到的几次修理，在将设备拿去维修的这段时间里，我自己是没有音频 I/F 就无法正常工作的，与店家进行协商后，他们将用于店面展示的替代机借给了我！而且不止一次（笑）。这真的是帮了我的大忙！量贩店和网店可做不到这种程度，人与人之间的信赖关系果然很重要啊！即使实体店比网店售价要贵上一些，但能有实体店如此贴心的售后服务也值了。

1-2-3 概要

○ 从自己的制作目的出发，选择合适的音频接口规格。

○ 由于音频 I/F 是关系到音频输入输出的重要设备，如果用于正式工作，我推荐购入高级的机型。

○ 在购买前尽可能对比试听后再去选择合适的机型。

○ 找到值得信赖的商店、和店员搞好关系，以后总能帮上忙的！

1-2-4 监听音箱 / 监听耳机

在混音工作中，无论用什么样的机器、在什么样的环境中去听，声音都不应该出现大破绽，保持音质上的平衡是最基本的要求。因此，如果想要制作出符合目标播放环境的声音，这时就需要依靠作为音频出口的监听音箱或监听耳机。我们往往会将从监听音箱或监听耳机中输出来的声音作为判断的基准，这些声音的特征直接关系到混音的完成情况。例如，利用低频过多的监听音箱进行混音的话，我们会下意识对声音进行抑制处理，结果最终的声音往往会变成低频不足的状态。那么，到底以什么为基准才比较好呢？

在大多数情况下，音频工程师都是利用监听音箱来工作的。监听音箱与普通音箱不同，监听音箱是以各厂商所认为的“平坦的声音”为目标制造出来的。“平坦的声音”是指频率上没有凹凸的声音。如果使用普通音箱，为了让声音听起来更加动听，往往会制作较为尖细的声音（音染[1]）。因为完全“平坦的声音”会让人感觉枯燥乏味。不过如果以此为基准设定音质平衡的话，无论用什么样的设备去听，声音都不会出现太大的破绽。实际上频响完全平坦的监听音箱是不存在的（苦笑）。即使是监听音箱，有些机型也会出现少许微弱的音染现象。就算是频响完全平坦的监听音箱，由于房间的回声，声音传到耳朵的时候也会变得不平坦。因此，实际上房间回声的调节也十分重要（详细内容另行说明）。

关于监听耳机，很多时候我们可以用它来检查细小的噪声，或把它作为麦克风录音的监听器使用，当然也可以用于混音的平衡检查。尤其在监听音箱难以监控的超低频环境中，我认为用监听耳机来检查低频是非常有效的。不过，只用监听耳机去完成混音，这种经验我从未有过。如果习惯了这种操作也是可以的，但是只能作为辅助工具来使用。

◎选择监听音箱的要点

一般来说，虽然输出低频声音要靠大型音箱，鉴于是在自己家中进行 MA 工作，我认为直径在 5 英寸左右的低频音箱就比较适合。当然，超过 5 英寸也是可以的，不过在狭小的房间或不能开大音量的环境下使用就会比较困难，在这种情况下最好搭配使用低频清晰的监听耳机。

在声音后期制作工作室，我们经常看到的监听音箱是 GENELEC 8000 系列的。如果在 9~10 平方米左右的房间使用，大概 GENELEC 8030 的尺寸正

1 音染，是指原声受到干扰，出现了多余的声音，或改变了声音的原貌。监听音箱的意义就是尽量杜绝音箱对声音造成的音染。

合适。将这个尺寸作为基准，在乐器店进行对比试听的话，说不定你会有很多新的发现。顺便说一下，我使用的是 JBL LSR305（旧款）。本来这款设备是用来辅助其他音箱的，鉴于它可以完美地输出低频声音，整体的平衡感也不算差，又比 GENELEC 便宜不少，所以最近的出场频率变高了。

如果声音后期制作主要用于 YouTube 广告等网页内容，用稍微小一些的监听音箱也是可以的。因为视听设备大多是智能手机、平板电脑、笔记本电脑等，它们本身就不太能够输出低频声音。话虽如此，若对低频区域掉以轻心，一旦用耳机或监听耳机去听的话，那么情况就会变得非常糟糕。因此，我认为大家还是要注意同时使用监听耳机来检查低频声音，这样才能输出平衡感好的声音。另外，推荐入手一个更小的音箱作为备用音箱！详细内容后述。

GENELEC 8030

JBL LSR305

◎音箱的设定技巧（表 1）

表 1 音箱设定技巧

	基础设定	进一步调整	备注
步骤 1	最理想的情况是尽量放在硬且重的物品上。严禁使用容易引起共鸣的箱状物体。安装位置如图 1 所示。将音箱稍稍向内侧倾斜，对准自己耳朵的方向，这样就能听到声音了	在音箱下面垫上市场上在售的隔音材料，其抑振效果会让声音变得更加紧实。另外，在五金店购买砖块、石材、混凝土、金属块、坚硬的木材、橡胶材料等来 DIY 一下也有效果（照片 1）	“声音”是“振动”。如果音箱产生的振动传播到其他物体上，就会发生共振现象，对声音造成不好的影响。要是预算充足的话，购入桌面音箱底座等，效果会更好
步骤 2	把音箱调整到高频和低频之间，使得声音能够到达耳朵。如图 1 所示，与耳朵高度一致的地方是最佳位置	若放在桌上等比耳朵低的位置时，在音箱下方垫入适当的物品，使得音箱朝向耳朵，这样听起来会更方便（照片 2）	在进行混音工作时，基本上选择最佳位置进行监控，不过也需要意识到作品的播放环境（如店面和街头等），有时也会有故意进行模糊检查的情况
面向高级者	JBL LSR305 这个音箱的背面设有低音反射端口（为加强的共鸣管出口），如果低音反射到音箱背面的墙壁而变强，那么就将音箱与墙壁拉开距离，之后会解释这样做的原因	如果音箱上设有用于音响修正的 EQ，那么就利用它来进行最终的音质调整。大多数的情况是低音和中低音非常突出，这时可以朝削减低音的方向进行调整	对于经验不足的人来说，判断哪个频率出现过多是相当困难的。如果声音频率的形状平坦，可能这样的声音会比大家平时听到的声音更加低沉、纯净

如果准备好了上述工作，我想在某种程度上就能试着操作了。话虽如此，但监听音箱是无法发出“这个声音是正确的”的提示音的。根据监听音箱的使用场合和使用者的习惯，输出的声音也会表现出不同的个性。因此，不管使用什么样的监听音箱，首先要制订一套自己的标准！如果平时听到自己喜欢的声音作品，将这个声音与其他音箱的声音、过去曾经听过的声音进行对比，通过反复比较来不断提高自己心中的标准……这一点是非常重要的。专业的音频工程师会不断磨炼这种感觉和技术，不过这种经验是无法在朝夕之间获得的。不仅仅是声音，要是请专业人士来做这件事，大家也要培养自己对这些经验给予敬意和报酬的意识！

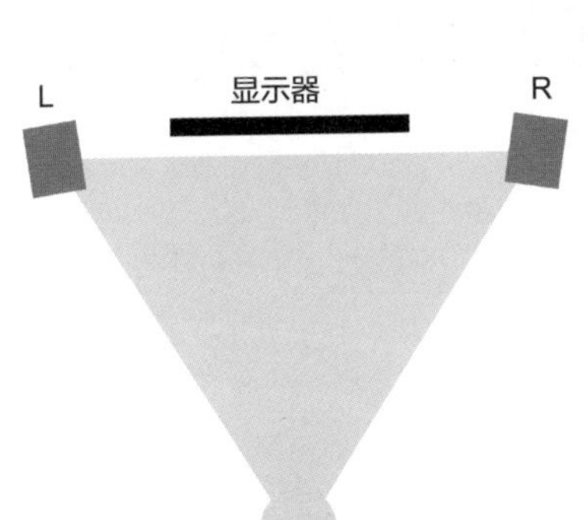

照片 1　底部铺贴了橡胶材质的花岗岩瓷砖，用来支撑隔音材料黑炭块

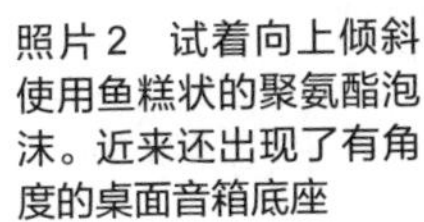

照片 2　试着向上倾斜使用鱼糕状的聚氨酯泡沫。近来还出现了有角度的桌面音箱底座

图 1　监听音箱设定图

◎辅助音箱的实用性

监听音箱作为声音后期制作时的基准设备，虽然十分重要，却不是万能的。我想大家应该经常能够看到专业调音棚里设置了大大小小好几台监听音箱的照片吧。这样利用各种设备检查声音，以此来提高混音的精确度。虽然存在着利用大音箱大音量才能发现的“世界”，反之也存在着用小音箱才能注意到的“世界”。当然了，如果你不熟悉这些音箱的特征，自然也就无法判断出声音的好坏，因此必须不断积累相应的经验。不过，如果你想让自己的能力更上一层楼，那么不妨试着去挑战一下吧！

另外，如果是网页动画方面的混音，我肯定会先输出视频文件，然后利用 iPad 或 iPhone 进行检查。如果用在 Instagram 视频广告上，那就需要竖拿着 iPhone 进行仔细检查。尝试着做一下，你就会明白在竖着拿和横着拿这两种不同的情况下，声音听起来很不一样。充分考虑观众的视听环境，这一点是十分重要的，所以我建议大家不要嫌麻烦，亲自去实践一下！！

◎选择监听耳机的要点

在选择监听耳机的时候，首先要考虑的就是它的用途。监听耳机是用于录音时的监听，还是用于混音，又或者是用来找毛病……用途不同，监听耳机的选项也会不一样。首先，我按照构造介绍一下不同的监听耳机的特征（表 2）。

表 2　不同构造的监听耳机的特征

分类	特征 / 用途	推荐款
密闭型	• 外部的声音侵入和声音泄漏少 • 声音给人感觉较近，能够清晰地输出低频声音 • 适用于录音时的监听和核查 • 均衡感好的耳机也可以在混音中使用	• audio-technica ATH-M50x / ATH-M40x • JVC HA-MX10-B • SENHHEISER HD 25 • SONY MDR-7506　• SONY MDR-900ST
半密闭型	• 处于密闭型和开放型中间的机型，不过很多半封闭型的耳机更接近于封闭型 • 用途也以密闭型为准 • 稍稍比密闭型的容易泄漏声音，在用麦克风录音时需要注意这一点	• AKG K240S • FOSTEX T50RPmk3g
开放型	• 音域宽广，具有开放感，不容易让人产生疲劳感 • 旧款开放型耳机的低频大多表现保守，不过近来已经得到不少改善 • 适合混音和听 • 因为几乎没有隔音性，所以一般不用于录音	• AKG K701 / K702 / K712 PRO • audio-technica ATH-R70x • beyerdynamic DT 990 Pro • SENNHEISER HD 650 / HD 600

从上述这些耳机的特征出发，大致决定好所需的耳机类型后，然后开始不断地对比试听，寻找能够输出自己喜欢的声音的耳机。如果想要多种用途的话，我推荐密封型的……话虽如此，可供选择的耳机实在太多了，让人感到困惑呀（笑）。因此，我来介绍几款适合个人使用的耳机（图 2）。虽然这些耳机反映的是我个人的喜好，但确实都是可以在工作中使用的设备。如果你暂时还没有找到自己中意的产品，可以参考一下。

密闭型耳机

DENON AH-D9200

我个人认为这款耳机的动态范围、频响均衡、分辨率都非常好，只是价格也比较高昂（笑）

YAMAHA HPH-MT8

具备令人惊讶的广阔的动态范围和分辨率。从工程师到音乐家，几乎所有的专业人士都对其赞不绝口

AKG K371

很好地保留了旧款 AKG 的特征，且具备现代感的优质声音。由于价格不高，所以适合作为首个设备购入

密闭型耳机

SONY MDR-900ST

日本音乐界众所周知的标杆产品，拥有无损的绝佳音质

开放型耳机

SENNHEISER HD650

这款耳机在试听中可表现出最平坦的声音。我个人认为可以将其作为标准机型。还有很重要的就是，同系列的 HD600 拥有比 HD650 更加华丽出色的音色，我也非常推荐大家购入这款耳机

图 2　个人使用耳机款式推荐

1-2-3 概要

- ○ 在自家使用的话，低频音箱的直径在 5 英寸左右比较合适。
- ○ 用小型音箱和 iPhone、iPad 等检查也是没有问题的。
- ○ 在无法播放声音的环境中请搭配使用监听耳机。
- ○ 选择耳机的时候，以经典机型为基准反复对比试听，抓住声音的特征。

1-2-5 麦克风

在对声音进行录制的过程中，麦克风是最重要的设备！根据需要录制的对象，选择合适的麦克风（图 1），这一点与声音的品质息息相关。在这里，我们一边介绍麦克风的基础知识，一边思考在 MA 中如何选择合适的麦克风。

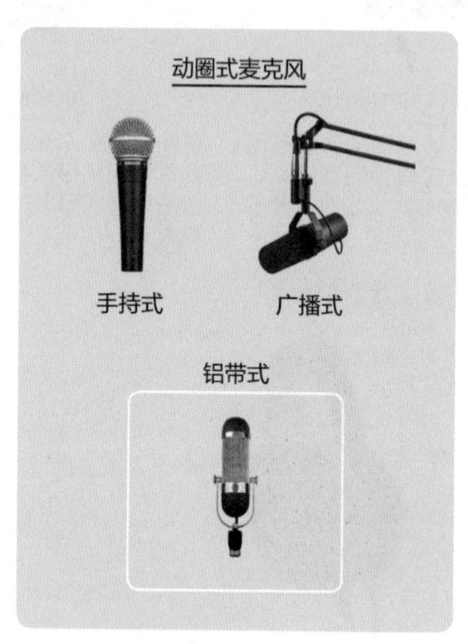

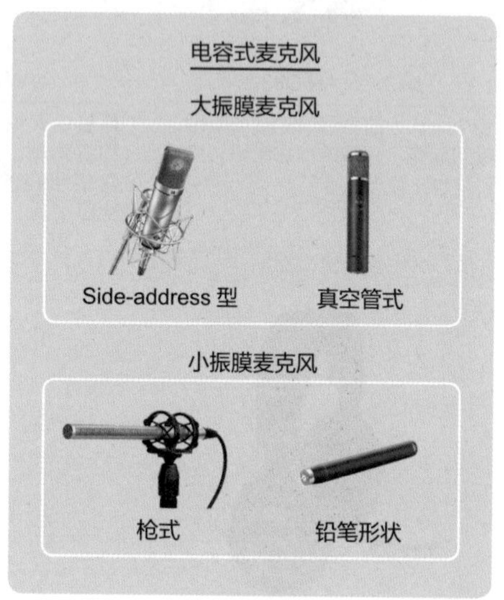

图 1　麦克风的种类

◎指向性

麦克风是具备方向性的，这里的方向性指的是麦克风对于来自哪个方向的声音产生反应，所以需要根据不同的用途来选择具备合适指向性的麦克风。这里我来简单总结一下各种指向性麦克风的特征以及适用的场合（表 1），大家可以参考一下。

◎动圈式（移动线圈式）麦克风

一般的动圈式麦克风是由线圈和磁铁构成的，振动膜接收到声音而发生振动，通过电磁感应产生电信号（声音信号）。因为动圈式麦克风构造简单，且坚固易用，从演唱会、卡拉 OK 等音乐场合到演讲会，可以说动圈式麦克风是使用范围最广的麦克风。基本上不需要电源，但是也因为这一点，动圈式麦克风的信号比较微弱，需要利用扩音器进行大幅度的增幅。另外，由于线圈直接与振动膜相连，灵敏度比较低，无法拾取到细微的振动，即对高频声音的拾取比较吃力。动圈式麦克风一般是单一指向性或超指向性的。

表 1　指向性麦克风的特征及用途

	无指向性	心形指向性	超心形指向性	强心形指向性	双指向性
极性图案					
特征	也称为全指向性（Omni-direction）。收集来自各个方向的声音。近讲效应（越靠近麦克风，麦克风接收到的低频声音越多）差	单一指向性的（Uni-direction）代表。麦克风正面的灵敏度高，很难拾取麦克风背面的声音	单一指向性的一种。与心形指向性麦克风相比，前方拾取声音的最佳区域狭窄，从侧面传来的声音会被阻断。后方的声音相对容易拾取	单一指向性的一种。介于心形指向性与双指向性中间。这类麦克风很难拾取来自侧面的声音	也叫作花样 8 字（或 8 字）指向性。麦克风前方与后方的灵敏度高，拾音的最佳区域狭窄。另外，可以阻断来自侧面的绝大多数声音
用途	适用于乐器麦克风和音响等能够将现场的声音都集中在一起的场景	适用于声乐或旁白解说等录音、单一乐器的集音，以及特定音源的收音。这种指向性的麦克风应用范围是最广的	由于很难拾取麦克风朝向以外的声音，经常用于室外录制或实况录音等。很多枪式麦克风都是这种类型的	从用途上来看，这种指向性与超心形指向性相同。这两种指向性都需要切实瞄准作为集音对象的音源进行设置	适用于录制隔着麦克风的面对面交谈或用于想要隔断横向传来的声音的情况。另外，也可以与心形指向性麦克风结合使用，用来进行 MS 立体声录制

顺便一提，在振动板上使用薄金属箔的铝带式麦克风（Velocity Microphone）也属于动圈式麦克风。据说这种麦克风输出的声音自然温暖，十分接近人类的听觉。不过，有时可能也会让人感觉音色沉闷。铝带式麦克风只有双方向性。构造上只有半面，比较容易损坏，操作起来也很麻烦。我曾经遇到某位著名播音员因为喜欢这种声音，而将自己的铝带式麦克风带进了录音室（笑）。进入 21 世纪后，由于铝带式麦克风使用了新材质，耐久性得到极大的提高，实用程度高的麦克风不断进入人们的视野。

刚才所提到的动圈式麦克风基本上不需要电源，但有些麦克风也会为了提高输出功率而内置扩音器，这些内置扩音器的麦克风需要 48V 的幻象电源，使用时请注意。

◎电容式麦克风

这类麦克风是需要电源的。从构造来说，电容式麦克风比动圈式麦克风要复杂得多，这里就不再展开说明了，不过电容式麦克风中一般都内置扩音器，旧款的电容式麦克风大都是用真空管做的。之后，真空管被 FET（电解晶体管）所取代，现在则是 IC（集成电路）。无论哪一类麦克风，市场上在售的都有很多，但是从声音的特征来看，真空管麦克风具备独特的质感，如今仍然被广大用户所喜爱。不管怎么说，与动圈式麦克风相比，电容式麦克风能够拾取更加细腻、范围更加广阔的声音，在专业现场受到大家的青睐。至于电容式麦克风的指向性，有些是固定的，有些可以通过开关变更，有些还能通过交换麦克风胶囊来变更，种类不一而足。

另外，根据振膜的大小不同，麦克风的特征也有所差异。一般来说，大振膜麦克风对低频声音反应灵敏，但是不擅长捕捉超高频声音，不过由于其灵敏度高，因此适合录制有许多细节的声音。另一方面，小振膜麦克风振动幅度小，所以能够很好地表现出清脆的声音，虽然灵敏度较低，但是声音的频率特性也较为平坦。不过，从构造上来看，其电路本身发出的噪声也比大振膜发出的声音还要大，所以与大振膜麦克风相比，小振膜麦克风的信噪比较差。

从筒身形状来看，大振膜麦克风大多采用 Side-address 设计（将本体纵向设置，收集来自侧面的声音），振膜上覆有很大的金属网架。小振膜麦克风大多采用 End-address 设计（铅笔形状），细长的筒身前端安装着振膜。

另外，在小振膜电容式麦克风中，还有一种叫作“枪式麦克风”。或许在音乐录制现场看到的机会不多，但是在实况录制和视频录制现场，这种麦克风出现的频率可不低。枪式麦克风的细长筒身中设有振膜，通过在筒身内放入定点装置来控制指向性，可以只拾取来自目标方向的声音。枪式麦克风通常是超心形指向性的，基本很难从侧面拾取声音。

◎选择麦克风的要点

说到 MA 中的麦克风录音，最常见的情况就是录制旁白。鉴于这一点来选购麦克风的话，关注以下几点就可以了。

POINT 1 选择动圈式还是电容式

在大多数情况下，还是选择电容式的比较合适。但是，电容式麦克风容易拾取到细小的环境噪声，与此相对，即便在不同的录音环境中，动圈式麦克风也无法拾取多余的声音，所以使用起来十分方便。与以前的经典款相比（如 SHURE SM58 等），近来有不少动圈式麦克风都具备出色的高频特性，所以最好还是去店里对比一下。

POINT 2 选择大振膜还是小振膜

如果选择电容式麦克风，还需要考虑振膜的尺寸。一般来说，在大多数情况下我们会选择大振膜麦克风，因为录音时大振膜麦克风能够表现出更加出色的音质。

另外，即便从外观上看是 Side-address 型的麦克风，如果麦克风的振膜尺寸介于大振膜与小振膜之间，那么这些麦克风也是没有问题的。是不是说“不可以使用小振膜麦克风呢”？其实不是。例如，一般自己拍摄视频，基本都会携带枪式麦克风，用这种麦克风也完全没有问题。只不过从特性上来说，使用枪式麦克风，有时会出现自己的声音过大，背景的声音过小的情况，仅此而已。这种情况就需要进行混音处理了。

POINT 3 选择噪声少的麦克风

在室内，麦克风录音的天敌是噪声。除了环境噪声，我们还需要注意麦克风本身发出的噪声，也就是当录音环境处于安静时我们听到的“嘶嘶”声。价格便宜的麦克风，往往容易出现这种问题，所以需要注意。要判断这种噪声，实际试听是最好的办法，不过在某种程度上，我们也可以从麦克风的参数表上获取这些信息。如果有“信噪比”这一项，那么就可以参考这项数据。所谓信噪比，指的是麦克风整体表现出来的安静程度，一般数值在 75~80dB-A 左右就可以。如果数值超过了 80dB-A，可以说这款麦克风是非常安静的。如果麦克风参数表上没有写明信噪比，那么也可以参考“等效噪声电平”（又称为本底噪声）这项数据。等效噪声电平的数值越小，代表电流发出的噪声就越小。一般情况下，大振膜麦克风的等效噪声电平约为 5~15dB-A，小振膜麦克风的等效噪声电平约为 10~20dB-A。不过，实际情况是还需要考虑其他要素，这些数值并不能说明什么，但是如果麦克风的等效噪声电平超过上述这些数值的话，麦克风本身发出的噪声可能会变得非常明显。不管怎么说，不要过度依赖麦克风参数表，用自己的耳朵去确认才是最好的办法！

POINT 4 将经典款麦克风的声音作为参考

不管怎么说，那些被奉为经典的麦克风，自然是有其原因的。要是对这些麦克风的声音有所了解的话，选购麦克风时就可以将这些作为考量标准，所以推荐大家与店家协商后试听一下吧！

◎麦克风比较测试

在这里，按照不同的类别，我写了几支经典款麦克风以及入门级麦克风的试听报告，大家可以试着参考一下。

这次的测试是在宫地乐器神田店的 REC star（照片 1、2）进行的。REC 本来是专门录制声乐和鼓声的专业录音棚，不过如果在吸音面板等方面下点功夫的话，也可以进行简易的旁白录音。录音棚里的设备完全是专业级别的！但是，这个录音棚毕竟是用来录制音乐的，若想要将其用来录制旁白，还需要在工作流程上动点脑筋，请大家注意这一点。

照片 1　REC star
除了常设的鼓声配套元件，还设有旁白录制空间

照片 2　工作室内同时设有简易的防音间，配了装有 Pro Tools 等主流 DAW 的 iMac。自己可以在这里录制声乐和旁白

那么，作为最重要的麦克风，我试着分别用大振膜电容式麦克风和枪式麦克风这两类麦克风收集了声音（照片 3）。使用 Sym · Proceed SP-MP2（照片 4）作为前置放大器。另外，这次还借到了 RODE NTG-3（照片 5），在本节最后作为番外篇进行介绍。我拜托了一位熟识的女播音员，在没有加入压缩器或 EQ 的情况下进行了录音。那么，现在就让我们来看看这两类麦克风的录音测试结果（图 2 ~ 图 6）吧！

照片 3　从中央下方顺时针依次为 U87Ai、MKH416、AT2035、NTG-4

照片 4　最上面的 2 台。接近于无色透明的麦克风放大器。由于拥有超高分辨率，可以直接放大麦克风的特征

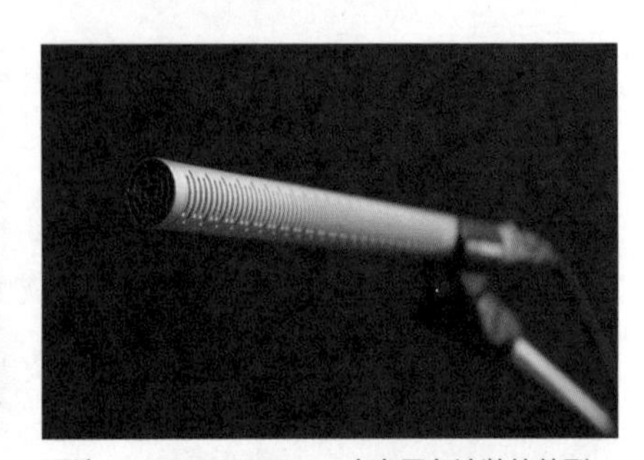

照片 5　RODE NTG-3。也有黑色涂装的款型

◎测试结果

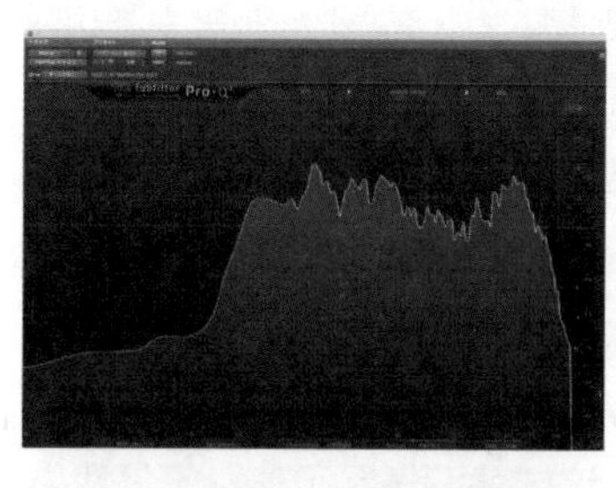

图 2　【NEUMANN U87Ai】（实际售价在 30 万日元左右，约合人民币 1.5 万元）

全世界的录音室都在用的经典电容式麦克风！同时也是 NEUMANN 品牌的代表性麦克风。我在录制旁白的时候也经常会想到它的声音。这款麦克风的特征在于声音中最重要的中低频 ~ 中频的密度高，同时能够输出 6kHz 左右的高频声音，因此这款麦克风的声音十分饱满，品质也很不错。对于旁白录制来说，录音本身已经接近理想状态，所以只需在 MA 中稍做调整就可以得到最后的成品。不愧是经典款麦克风

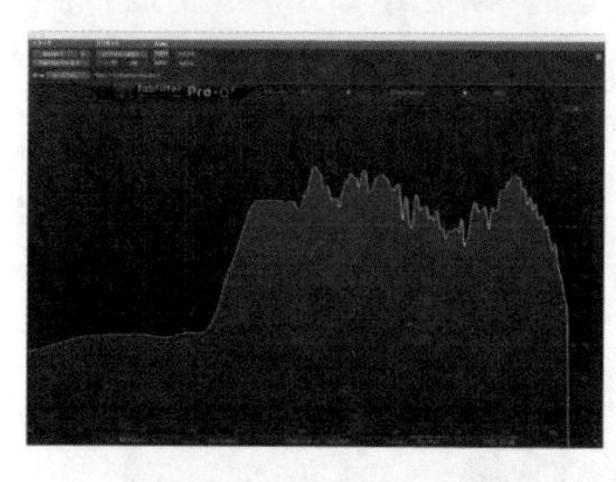

图 3　【audio-technica AT2035】（实际售价 1.6 万日元左右，约合人民币 800 元）

该公司的高级机型拥有无须渲染的纯净音色，我对这一点十分信赖，这款麦克风给人的感觉会更加明快一些。从图上也能看出来，从 14kHz 左右往上，这款麦克风的延展性是优于 U87Ai 的。因此，这款麦克风在中频的表现会相对沉闷，但是考虑到这两款麦克风的价格差距，总的来说 AT2035 还是非常不错的！对于录音来说已经足够了，如果在 EQ 中适当增强 500Hz 和 6kHz 左右的音量，那么所完成的旁白就会拥有更加丰富的层次感

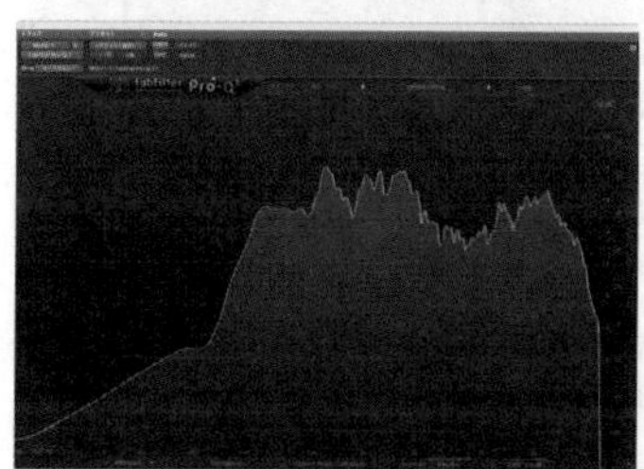

图 4　【SENNHEISER MKH 416】（实际售价在 13 万日元左右，约合人民币 6500 元）

已经不用过多说明的经典枪式麦克风！与大振膜麦克风相比，这款枪式麦克风的动态范围较为狭窄，其中中频声音非常紧实，牢牢地抓住了声音的核心。利用这款麦克风，能够非常轻松地进行录音，完全可以理解它为什么能够成为经典之选！在旁白录制中使用这款麦克风，如果分别放大 250Hz 和 500Hz 以及 6kHz 左右附近的声音，就能营造出很好的氛围感，使得声音更加出色

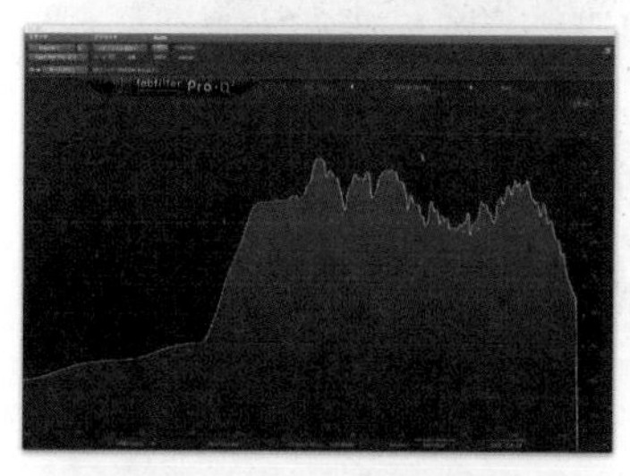

图 5　【RODE NTG-4】（实际售价在 39 万日元左右，约合人民币 1900 元）

这款麦克风的信噪比稍差，但是作为枪式麦克风来说还是比较标准的。与 MKH416 相比，RODE NTG-4 输出的声音更加尖锐，峰值在 1.5kHz 左右，让人吃惊的是，这一点与我所料想的差不多。在 EQ 中放大 300Hz 左右的声音，能够营造出声音的厚重感。将 1.5kHz 左右的声音衰减 2dB，然后稍稍放大 6kHz 左右的声音，这样得到的声音会更加稳定

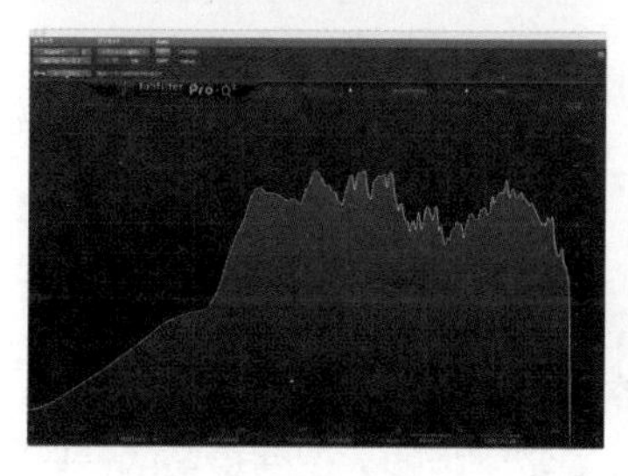

图 6　【RODE NTG-3】（实际售价在 81 万日元左右，约合人民币 4000 元）

这款麦克风的特性是相当突出的！总的来说，音质较粗犷且杂音较少！我都有点怀疑它是否真的是枪式麦克风了（笑）。正因为其特性，所以我们必须要在 EQ 中进行处理，一旦能够熟练掌握这款麦克风，它就会成为你的有力武器哦！利用 HPF（高通滤波器）平稳降低 200Hz 左右的声音，然后用 EQ 稍稍调高 6kHz 左右的声音，那么你就能得到和 U87Ai 一样的声音。我想在音乐制作中也可以试着将这款麦克风作为低频乐器去使用

※ 受限于麦克风前置放大器的频道数，只有这款麦克风选取的是 alternate take。

1-2-6 内置麦克风的录音机

除摄影的同录之外，必需的环境音或效果音都是由音效（音响效果）师负责的，不过平时可以借助内置麦克风的录音机，提前在现场录制各种声音储备起来，这些最后在 MA 中能够发挥相当大的作用。举个例子，我在负责某部独立电影的 MA 工作时，有一场戏是在港口拍摄的。在进行后期制作时，导演说：“波浪的声音比我想象中少啊，这样就没气氛了。”于是我想到一个办法，说：“有的，类似于港口的波浪声！”然后试着将拍打隅田川护岸的海浪声放到电影中，最后成功被采用了（笑）。原本是为了自己的音乐创作而录下来的声音，却在意料之外的地方派上了用场。下面我来介绍一下我是如何进行现场录音的。

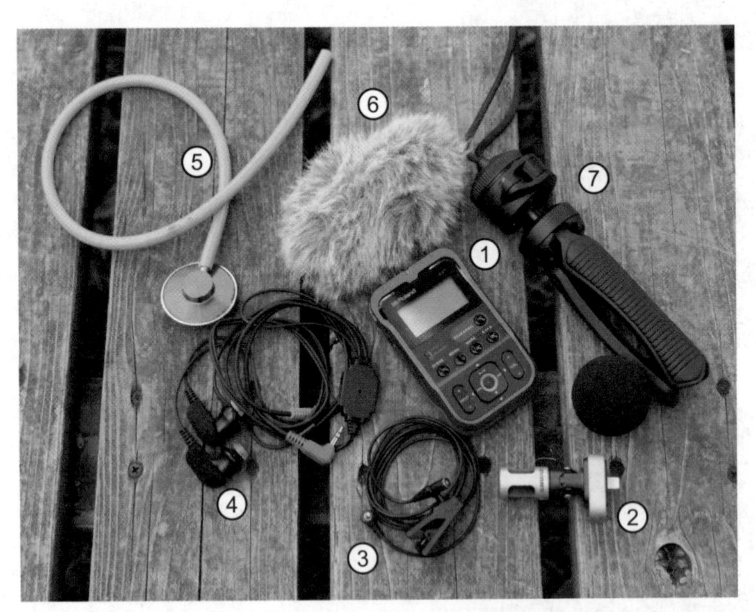

照片 1 ① Roland R-07 ② SHURE MOTIV MV88 ③铁三角 AT9904 ④ adphox BME-200 ⑤玩具听诊器 ⑥防风罩（TASCAM 纯正） ⑦迷你三脚架

首先讲录音机和麦克风。我比较爱用的是这些产品（照片 1）：Roland R-07、用于 IOS Lighting 连接的 SHURE MOTIV MV88，还有作为外置麦克风使用的单一指向性领夹麦克风铁三角 AT9904、无指向性立体声麦克风 adphox BME-200。

这里需要注意的是麦克风的指向性和立体声方式。设备的组合方式是多种多样的，但考虑到很多不熟悉录音的人是在无意之中购入这些设备的，所以我来介绍一下代表性的组合方式，以及这些设备的特征及用途（表 1）。

表 1　麦克风的特征及用途

	特征	用途	备注	图示
单一指向性 XY 立体声	最常见的是手持录音机组合。其中两个麦克风振膜指向夹角为 90 度的最受欢迎。声音不容易在中间脱落（中央定位的声音不会模糊），左右两侧的定位感也十分明晰，给人以稳定的立体感	适用于绝大多数“目标录音”。在录音对象明确的情况下（采访或乐器演奏等）使用非常适合，作为万能的王牌，用起来十分便利。用镜头举例说明的话，类似于标准镜头	可以通过改变交叉角度来调整立体声幅度。在市场在售的手持录音机中，有些产品可以通过扭转麦克风配件在 90 度和 120 度之间切换	单一指向性　单一指向性
无指向性 AB 立体声 （R-07）	与 XY 立体声同样受欢迎。将两个无指向性麦克风平行设置（有时也会稍稍向外侧摆放），基本上能够完全拾取包括回音在内的所有声音，具备丰富的空间感和自然的立体感	适用于绝大多数情况下的“全部录音”。主要用于捕捉现场环境的声音，比如会议录音、嘈杂的活动现场录音、音乐录音等。用镜头举例说明的话，类似于广角镜头	基本上使用的都是无指向性麦克风，不过也存在单一指向性的 AB 立体声录音。麦克风之间的距离基本在 20~60cm 左右。如果短于这一距离，声音听起来就会像单声道；如果长于这一距离，中频区域的声音就会脱落，需要另外补充一个能弥补中频声音的麦克风	无指向性　无指向性 ※ 除了平行设置，也可以朝外设置
单一 / 双指向性· MS 立体声 （MV88）	MS 是“Mid”“Side”的缩写。将单一指向性（Mid）和双指向性（Side）以 90 度进行组合，然后通过调控得到立体声。特征在于录音后可以调整立体声的感觉，相位不会发生混乱，同时也能变成完全的单声道。“Mid”也可以使用无指向性或双指向性的麦克风	从用途上来看，基本与单一指向性·XY 立体声相同，不过在考虑后期改变立体声感，将声音变成单声道的情况下，MS 立体声是不错的选择。但是，如果角度超过 90 度，声音容易变得不自然，这一点需要注意	如果是录音机，那么有两种录制方法，一种是在录音前决定立体声感、将其作为普通的 LR 立体声文件来录制，另一种是作为 MS 处理前的单声道 2ch 来记录声音，播放时利用 MS 解码器来调整立体声感。如果没有 MS 解码器，也可以手动进行 MS 处理，这里就不展开说明了	单一指向性 表面（L）　背面（R） 双指向性
无指向性 ·双声道 立体声 （BME-200）	双声道录音是指将模拟声音传到人耳鼓膜这一过程的立体声录音方式。双声道录音时，如果用耳机去听的话，就会有种身临其境的感觉（这种感觉因人而异）。如果用扬声器播放，那么最好选择无指向性·AB 立体声来录制	这种立体声录音方式很早以前就存在了，作为一种简单的虚拟声音，与 VR 的亲和性很高。另外，在平常的视频作品中，这种立体声方式用来表现登场人物的视线转移等十分奏效。现在很多时候我们都利用智能手机或平板电脑＋耳机等设备对声音进行收听，从而使得这种录音方式发挥出了自身的力量	原本应该使用模仿人体头部实际大小的仿真头部，通过嵌入鼓膜的麦克风进行录音，但是有些产品没有头部、只有耳朵部分。这次我使用的就是耳机样式的简易产品。不管是哪种产品，双声道立体声录音都能让我们感受到来自横向的真实感，不过有些产品也会让人分不清声音来自前方还是后方	无指向性　无指向性 仿真头部

照片 2　正在使用的 TASCAM 纯正防风罩。虽然显示器被隐藏起来，但是可以利用远程应用程序进行处理。当然了，只要稍微移开点防风罩就可以看到仪表盘，所以勉强能对录音机的电平进行设定。录音机自身的按键非常软，轻轻按动的话，就不会与 REC 开启或停止时按键的声音弄混了

照片 3　利用远程应用程序，可以实现输入电平监控或增益设定等多种操作。虽然无法利用智能手机等设备进行录音，但只要将录音机与蓝牙耳机配对，即便离录音机很远，也能收听录下来的声音

照片 4　在茨城县某处的山中。照片右下方是一条小河。从各处传来鸟鸣声的定位感以及距离感都恰到好处。因为此处位于低矮的山腰，所以连在山脚下行驶的汽车的噪声都能听清

R-07 是无指向性·AB 立体声录音机。虽然和以前使用的旧款 R-09 在结构上是基本相同的，但是从规格上来看，这两款录音机却是完全不同的。首先，R-07 的信噪比得到了极大的改善。虽然麦克风的频率特性在中低频区域让人感觉稍微有些瑕疵，不过总体来看，R-07 的频响曲线是平坦的，能够最大程度拾取超过人类听觉范围 40kHz 的声音。在低频方面，与其他品牌的录音机相比，R-07 富于力量感，一般情况下将低通滤波器开启到 100Hz 就可以了。在 REC 待机状态下，每次点击菜单按钮，低通滤波器都会发生“OFF → 100Hz → 200Hz → 400Hz”的轮转，从而实现快速设定。内置麦克风能够有效抵御噗噗的气流声，再加上防风罩，基本上不会出现喷麦的问题（照片 2）。另外，通过蓝牙连接，可以利用手机端的应用程序进行远程操作（照片 3），在想要远离麦克风或录制乐器独奏的时候非常方便，这一点让人非常感动！唯一的弱点就是 micro SD 卡很难卸下来。

那么，我们试着用 R-07 来进行实地录音吧（照片 4 ~ 照片 8）。从 MA 的立场出发，最先想到的还是制造环境音和效果音的声音库吧。我在散步时通常会将喜欢的声音一点一点记录下来，就像拍照一样。当然了，如果有想要录下来的具体声音，就可以带着目的去寻找自己想要的声音。在这种情况下，如前所述，也可以使用外置麦克风或 DIY 工具。但是，从音乐家的角度来看，可以将这种现场的风琴演奏声加入曲子，或加工成从未听过的声音，有时候还能用在拍摄演奏视频的场合。

怎么样？根据不同的使用目的，手持录音机就像是蕴藏着各种可能性的魔法盒子。和麦克风一样，我建议大家在认真考虑录音机的用途后再去选购机型。另外，关于使用的方便快捷性，大家还是亲自去确认一下比较好。尤其是能够快速调整录音电平或低通滤波器等一系列设定，这些在录制现场都是非常重要的。总之，好好录下来再去尽情畅玩吧！

照片 5　在捡到的木片（也可以准备伸缩棒等）上安装领夹麦克风的话，可以近距离录下用手无法触及的区域的声音。另外，由于麦克风离目标对象很近，所以录下来的附近的鸟鸣声等都减少了

照片 6　剪下玩具听诊器的管子，试着将领夹麦克风塞进里面。因为是在非常浅的小河里录音，所以声音的层次不会很丰富，但如果小河比较深的话，就能录下咕噜咕噜的水流声，非常有趣。利用这种 DIY 的方式来录音还是很开心的

照片 7　在街道上边走边录。戴在耳朵上的产品，与戴在胸前的领夹麦克风，这两样都需要注意触碰噪声（衣服摩擦声等沙沙声）。如果风大的话，麦克风还会受到强风的影响，不过也因此能录下周围喧嚣的生动情景音

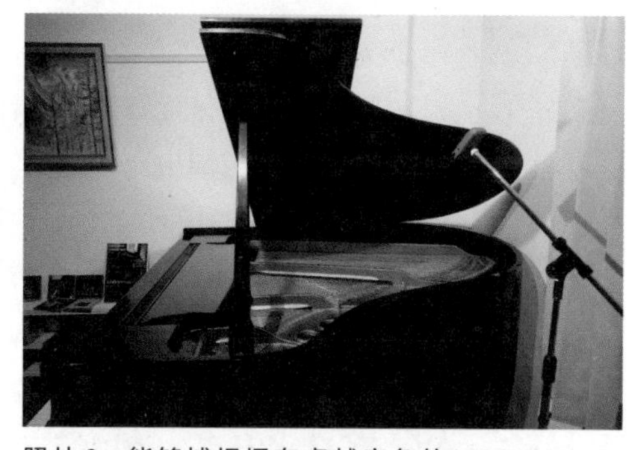

照片 8　能够捕捉拥有卓越音色的 NY Steinway & Sons 的细小声音变化，这让人不得不佩服

1-2-7 用于麦克风录音的配件

在自己家中用麦克风录音，最麻烦的就是房间的回音和环境音。尤其是房间的回音会导致声音模糊，所以我们需要设法抑制这种回音。在这里，我来介绍几个在家录制旁白时能够派上用场的配件，然后再来介绍一下我在家录制旁白时的实际装置。

◎布制品

如果想用最简单的方式来抑制房间里的回音，用窗帘或毛毯等布制品围住旁白录制者就可以了。发挥 DIY 精神，在没有使用过的麦克风底座或带脚轮的衣架上花点心思，虽然看起来比较困难，但还是可以期待效果的。关于录制旁白的人，围住其前方和两个侧面，录音效果会更好。如果地板是木材等比较坚硬的材质的，那么只在旁白录制者的座位区域铺上地毯或毛毯就可以。但是，这些只能减轻来自墙壁和地板的声音反射，无法阻挡来自外部的声音。

◎吸音板（照片 1）

用吸音板来替代布制品，也许能获得更好的效果。至少需要两张大型吸音板，这样设置起来比较灵活。我很喜欢 VERY-Q 这款产品，用途非常多。如果自己动手能力很强的话，也可以用方木、玻璃或隔音垫等材料自制。在网上搜索制作方法，能搜索出很多相关内容，请大家各自查询吧（笑）。顺便提一下，VERY-Q 也有组装成小型录音间形状的套装设备，虽然不能做到完全隔音，但在一定程度上可以抑制来自外部的噪声，同时又能增强吸音效果。所以，我认为比起引进室内隔音室，上述搭配的性价比更高一些。

◎反射式滤波器（照片 2）

另一个有效抑制房间回音的方法，就是使用反射式滤波器。通过设置覆盖在麦克风侧面或背面的滤波器，便能够抑制来自墙壁等的声音反射。各大品牌都发售过不同材质、不同形状的产品，这些产品在效果和音色上存在着一定的差异。如果能够去店里实际感受的话，说不定你会得到更好的选择。这次我试用的是 Roland[1] 引进的 Aston Microphones Halo。

首先是形状。大多数反射式滤波器都是在麦克风的侧面或背面，但这款

1　Roland，世界知名的电子乐器制造商和销售商。

照片 1　VERY-Q 是一款吸音板，价格合适，且质量相当不错。可以用魔术贴等将其装在录音间

照片 2　尝试将反射式滤波器与该公司的电容式麦克风 Spirit 组装起来。Spirit 是一款相当出色的麦克风，如果是中频至中高频区域的声音，则可以使用这款麦克风来录制

产品的特征在于对麦克风的上下方向都进行了覆盖。同时，Halo 比其他公司的金属制滤波器要轻，因此不管对于便宜的还是昂贵的麦克风底座，都可以放心使用。测试是在完全没有吸音材料的约 7 平方米的西餐厅房间里进行的。从最重要的抑制回音的效果来看，Halo 确实起到了一定的作用。这个房间直通厨房，如果没有 Halo，其他人在高声说话或切菜时，我都能清楚地听到“咔嚓咔嚓”的回音。使用 Halo 之后，这些回音被抑制住了，声音变得紧凑起来。也可以说是声音对上焦了。另外，中低频的声音稍稍提升了，不过要是你不经常使用这种滤波器的话，就感觉不到声音峰值变化的不自然感。反而，你会感觉声音变得更加浑厚，似乎变得更好了（笑）。不过，这款产品不是用来隔绝厨房里的冰箱声或来自外部的噪声，这一点请不要误会！虽然房间很安静，回音却让人感到头疼……在这种情况下推荐使用 Halo。

专栏

关于环境噪声

为了完全抑制来自室外的噪声等，我们必须进行全方位的隔音施工，首先，租赁的房子是不可以的（苦笑）。即便如此，为了能在一定程度上抑制环境噪声，比较现实的做法是采用前面提到的使用吸音板的简易录音间。从我个人的情况来看，我没有设置四面封闭的简易录音间，而是在周围邻居比较安静的时刻进行录音。即便是这样，在不同的场合下，有时也会混入飞机轰鸣声、紧急车辆的警报声，等等，有时也会被要求重新录制（汗）。如果是花钱录制旁白，那就有点不划算了。

1-2-8 | 在自己家中搭建三岛式旁白录制环境

我要先声明一下，本人并不是在自己家里承包了所有的旁白录制。虽然有“隔壁房间有人开始用吸尘器”或“外面来了烤芋头的小车”等这些不确定的外部因素，但基本上是不允许我停止录音或重新录音的。以时间为标准进行收费的录音工作更是如此。但是作为例外，与我相识很久、能够接纳我的录音环境的导演，比起外部的录音室，他们更信任我的录音成品。虽然从设备上来看，我的录音室与商业录音室不相上下，但是就房间的环境而言，到底还是不如正规的录音棚。如果是自己在家中录制旁白的话，我认为有义务好好向客户说明这方面，这一点也是非常重要的。如果想要挑战，可以试着参考下面的内容。

现在我搬了家，房间内的环境发生了变化。在之前住的地方，我都将音频线拉到隔壁的录音室，在那里设置好下面讲到的设备，构建出简易的录音室。

◎桌子 & 椅子

因为不能让解说员长时间站立，所以桌椅是必备的物品。在桌面上铺上布，以此来抑制声音的反射和噪声。需要准备那种不会发出嘎吱声的椅子。

◎麦克风

从斜上方瞄准解说员的嘴部去设置。虽然有时也会使用防喷罩，但如果不直接对着麦克风，也是没有关系的。利用麦克风吊杆支架将麦克风从上方悬吊起来，这么做是为了让麦克风不出现在监视器画面里。

◎吸音板

平时，我会将两个用于录音室吸音的 VERY-Q 以八字形的方式组合起来，安装在桌子（和麦克风）的背面，这样能够在一定程度上抑制声音的反射。对于麦克风的两侧，如果有必要，用吸音板或毛毯等围起来就可以了。

◎监视器画面

这是给解说者观看视频的设备，用 HDMI 音频线来连接小型的液晶电视，如果两者之间的距离很远，我认为就需要用到转播机器了。另外，由于没有提示灯（提示解说者开始说话的红灯），需要在视频中加入旁白字幕来代替提示灯。这是导演提出的想法，能够在打字幕这种费时的事情上给予帮助，我真是太感谢了。

◎小型混音器

在上页照片上没有显示出来，我在左手边设置了小型混音器。将视频中的声音（立体声）、用来录制旁白的麦克风的回音 & 控制室的说话回声混合在一起的声音（单声道）输入到小型混音器中，然后请解说员控制好自己的音量。

◎监听耳机

我使用了 SONY MDR-7506（改造过驱动程序、内部配线、音频线等），与解说员惯用的 SONY MDR-900ST 形状相似。由于这款耳机是密闭型的，所以不容易发生漏音现象。不过，只要声音听上去很清晰的话，用什么样的耳机都可以。

◎其他

为了能够写在稿子上，我准备了记笔记的工具。另外，根据灯光位置的不同，有时也会出现解说员的影子导致无法看清稿子的情况，所以我设置了用来照亮稿子的灯。还有录音时不能使用空调，所以如果是夏天的话，在解说员到达前房间要保证充分凉爽，冬天则需要在脚边放置红外线取暖器（基本可以静音运转），注意到这些事项就可以了。我们要拼尽全力保证声音的品质，这一点虽然很重要，在此基础上为解说员营造舒适的工作环境，也是非常重要的！！

◎番外篇

虽然我不从事外景拍摄的同录工作，但有时也会被独自拍摄的摄像师追问拍摄时如何录制声音等。在工作中，由于必须处理别人录下来的声音，所以时常会对那些声音的状态感到头疼。因此，如果别人问我录音问题，我通常都会说“这样录会更好哦”，给出适当的建议，这样一来，自己之后的工作不也轻松了吗（笑）。因此，即便是自己专业之外的事情，我也会寻找机会进行实验或研究。这次我试着研究了如何设置枪式麦克风进行采访录音，下面来公开我的研究成果吧！

首先是麦克风，这次我借用的是 RODE NTG-5（照片 1、2）。在【麦克风选项】中，我测试了同品牌的枪式麦克风 NTG-3 和 NTG-4+。由于这次选用的是新麦克风，所以在结果上存在着不少差异。

作为枪式麦克风来说，RODE NTG-5 比较短小，相应地也非常轻！和相机同时操作时这一点是十分难得的。另外，RODE NTG-5 拥有不错的信噪比（噪声较少）。NTG-4+ 则让人感觉噪声稍微有些大，安静程度上，RODE NTG-5 可以与 NTG-3 匹敌。低噪即正义！由于输出功率高，所以即便是低增益的麦克风前置放大器也能轻松应对，还能避免廉价麦克风因增益提高而

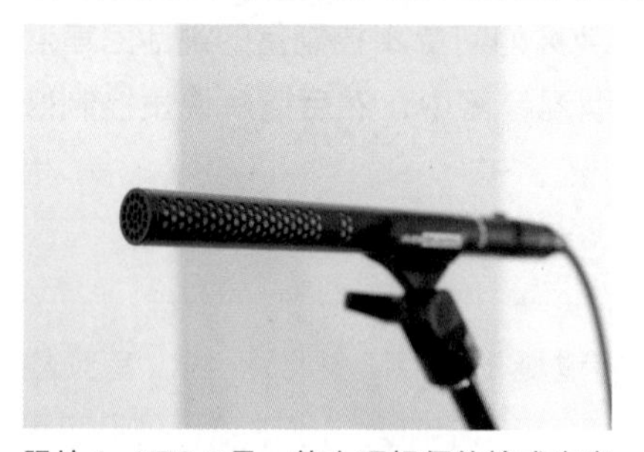

照片 1　NTG-5 是一款小巧轻便的枪式麦克风，非常适合独自拍摄的摄像师

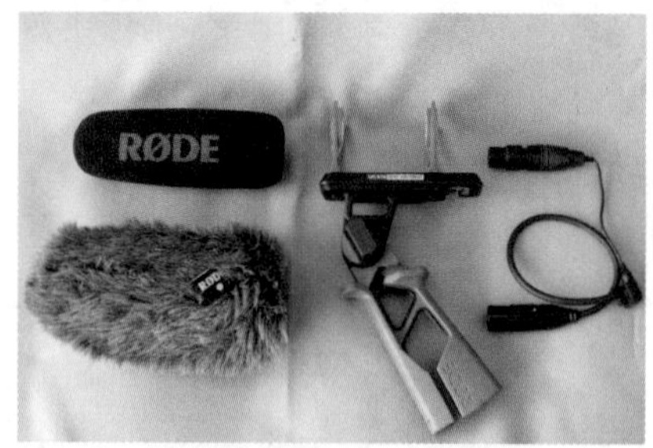

照片 2　NTG-5 有很多配件，只要购入这些配件，在现场就能立即投入使用。我推荐大家在现场将 NTG-5 与具备 XLR 接线柱的录音机搭配使用

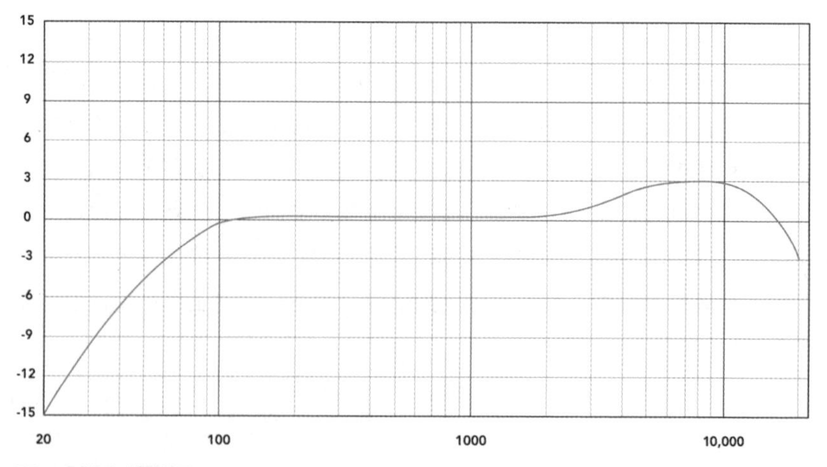

图 1　频率特性图

带来的噪声变大问题。

从音质上来看，这款麦克风的动态范围并不宽广，但低频流畅、高频清晰，整体上让人感觉声音明亮，有时甚至会让人感到声音有些过于尖锐了。

从频率特性图（图 1）可以看到，声音从 100Hz 开始平稳，以 8kHz 左右为中心，高频区域被提高了 3dB 左右。低频一直衰减指的是即便不另外加入低通滤波器，也不会拾取多余的低频声波。在 8kHz 左右的区域，我们也能感受到，由于远离麦克风导致声音衰减，故而增强高频声音的意图。也就是说，这款麦克风从一开始就主动将声音尽可能地处理成视频中能用的状态！我个人感觉 NTG-3 拾取声音的密度过高，所以声音较为浑厚，适合熟练掌握声音后期处理的专业人士。对于那些不知道如何处理声音的人，使用 RODE NTG-5 能够更轻松地上手！

照片 3　从上方　偏向于高频声音，声音变得透亮

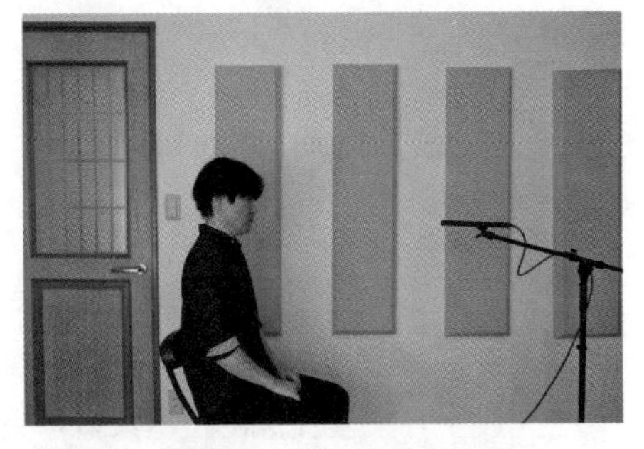

照片 4　从水平方向　麦克风的自然状态

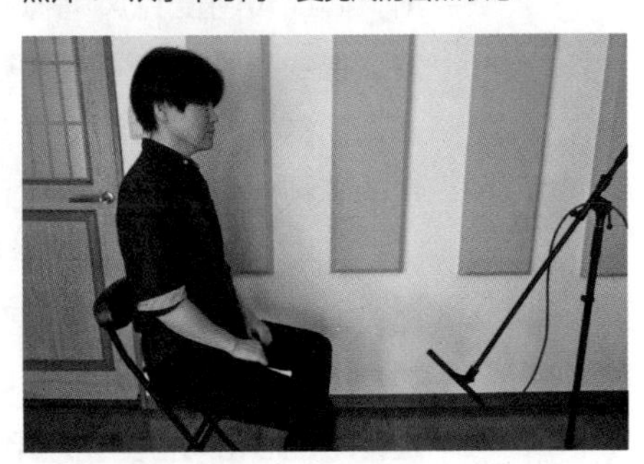

照片 5　从下方　来自地板的声音反射较大，低频增强，声音变粗

话虽如此，如果想要录到出色的声音，还需要具备相应的技巧。我们在开篇也曾提到过，下次试着思考一下在室内采访时如何设置麦克风吧。因为我经常接到纪录片这种类型的采访任务（笑）。首先要考虑的就是与采访对象之间的距离。为此我尝试了很多次，得出的结论是麦克风的最佳位置一般在距离说话人嘴部 80cm 的位置。如果短于这一距离，前面提到的高频声音就会显得尖细刺耳；如果超过 80cm，从某个点开始声音会突然变得涣散，房间里面的回音会变得明显起来。鉴于这些情况，在更正式的拍摄场合，我建议最好同时使用领夹麦克风。

接下来是高度。不单单局限于采访场合，我认为麦克风录音的瞄准方法，主要分为“从上方”“从水平方向”“从下方”这三种类型。实际上，从不同方向录下来的声音也是不一样的（参考照片 3~ 照片 5）。

由于这三种瞄准方法存在着差异，所以我们需要结合麦克风的特性来考虑。如果麦克风是 NTG-5，由于其具备偏高频的特性，所以向上瞄准录音，录下来的声音会让人感觉有些轻。因此，我认为从水平方向或从下方瞄准会比较好。另外，我个人感觉从下方瞄准录下来的声音在后期处理时是最为轻

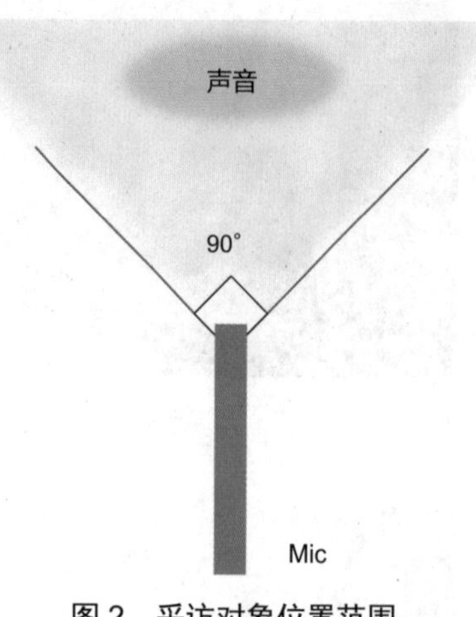

图 2　采访对象位置范围

松的。如果麦克风是 NTG-3，从下方瞄准录下来的声音听上去会有些粗，因此从上方瞄准录音应该比较合适。还有就是需要兼顾拾音角度对麦克风进行设置。因为这类采访大多是胸围照，所以不用过度担心麦克风被拍到。

顺便说一下麦克风的指向性，与其他枪式麦克风一样，RODE NTG-5 也是超心形指向性的（超指向性）。可以尝试着做一下，从正面绕到大约 45° 的位置，麦克风的灵敏度会猛然下降，所以需要将采访对象放在麦克风正面 90° 左右的范围内（图 2）。

另外，作为番外篇，关于如何利用 RODE NTG-5 在自己家中录制旁白，请参照前面介绍的相关内容。

麦克风的位置大概与桌子在同一水平线上，考虑到声音会在桌面产生反射，因此可将麦克风稍微朝上设置。从不妨碍观看视频监视器和书稿的位置，将麦克风瞄准采访对象就可以了，两者之间的距离控制在 30cm 以内。如果离得太远，房间的回音就会变大，在这种情况下录音，如前所述，声音的高频部分就会变得过于紧凑，所以需要在 EQ[1] 中将 8kHz 削减 2.5~3dB（扩大 Q）作为混音时的处理方法（或录音期间调整），然后根据声音的品质再去细微调整，直到将声音调整到适合录制旁白的状态。由于超心形指向性的麦克风很难拾取横向传来的声音，在声音反射较多的房间内录音时，说不定会比心形指向性麦克风用起来更加方便。

如前文所述，如果想要录到中心突出且品质出色的声音，就需要充分了解所使用的麦克风的特性，摸索出合适的设置方法。“声音在距离多远的情况下会失去中心而变得尖细起来”“从指向性出发，需要将拾音角度控制在什么范围才合适”“从上方、从水平方向、从下方等不同方向录下来的声音会出现变化吗”，自己至少要提前确认好这些问题，才能在不同场合积极应对，所以我非常建议大家要多多探索！

1　EQ 的全称为 Equalizer，意为均衡器。均衡器是一种可以分别调节不同频率信号大小的效果器，通过对各种不同频率的信号调节来弥补扬声器和声场的缺陷，补偿和修饰干声，以及模拟其他音频环境等。

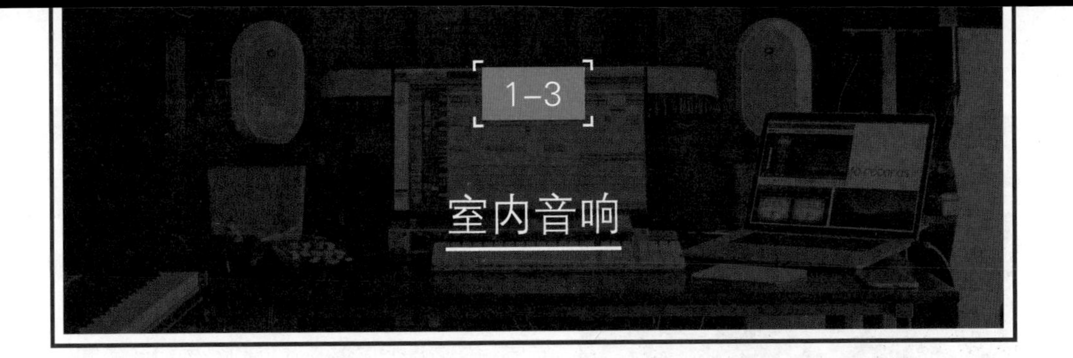

1-3-1 室内音响是什么

用监听音箱监测声音或者使用麦克风录音的时候，室内音响（房间的音响特性）在收听或录制正确的声音方面是相当重要的因素。在回音多的房间进行监测或录音，这会给声音增加不必要的回音，从而使声音变得模糊或放大了声音中不自然的部分，因此很多人都希望能够对房间的回音进行调整。话虽如此，如果想将自己的房间变成真正的录音室，我认为从居住环境或资金层面来说，难度都是相当大的。这样一来，在某种程度上我们就不得不亲自动手调整……关于室内音响的调整，很多专业图书或网络日志均有记载，想要挑战的人可以参考这些内容。我在撰写本书时正好要搬家，所以不得不从头开始搭建工作室，在此我将自己的奋斗记录呈现给大家，希望能够给大家带去参考！

我搬去的地方是一幢位于幽静住宅街的独栋住宅。早在参观的时候，我就决定了要将一楼的西式房间（约 13 平方米）和日式房间（约 7 平方米）作为工作室（照片 1），布局大致如图 1 所示。主房间是西式房间，在这里放上桌子和监听音箱，然后拆掉日式房间的推拉门，将其与西式房间贯通，放上乐器之类的器材，以便进行演奏或用麦克风录音。

不过，木地板房间的声音反射会很大，直接将其作为录音环境是不行的。而日式房间的

照片 1　房间布局有些奇怪，如何给这些房间配置器材曾让我感到十分苦恼

图 1　布局图

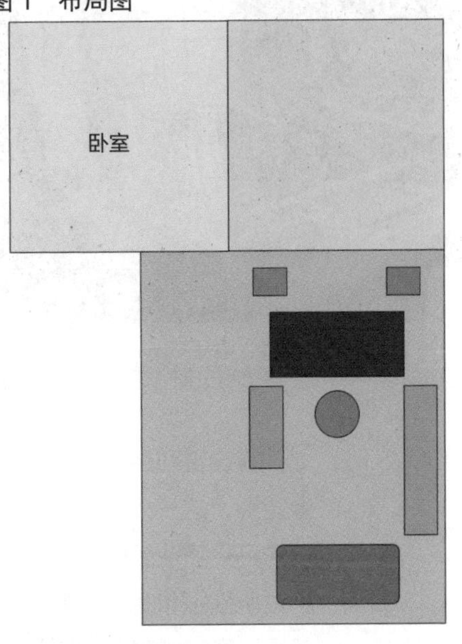

在搬家或改变房屋布局的时候，我总是在脑海中模拟出这样的布局图

照片 2　以前家中的工作室。近 10 平方米大小的日式房间里铺上了地毯，墙壁上垂放着毡布，利用它们来吸收声音。另外，没有使用音箱支架，而是在钢架上放了石板进行设置

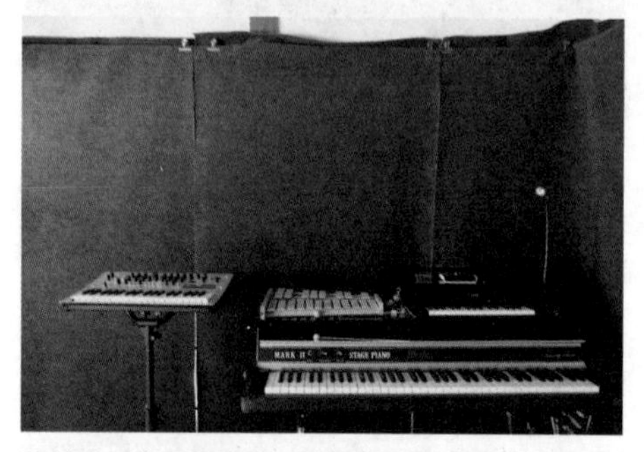

照片 3　从旧居继承过来的毡布。为了不损坏内部的装修，我用夹子将毡布固定好，外观不太好看……（苦笑）

照片 4　各种合成器、电子钢琴（Rhodes MK.II STAGE PIANO）、吉他和贝斯，看上去满满当当（笑）

榻榻米在吸收声音方面有着天然的优势。搬家前的工作室是近 10 平方米大小的日式房间，我在里面铺上了地毯（照片 2）。由于墙壁之间是平行的，所以会产生驻波（声音在墙壁等平行平面之间来回传播发出的“吱吱”的回音）。因此，不管是西式房间还是日式房间，对墙壁和地板进行吸音处理都是有必要的。

首先是日式房间。如果直接采用榻榻米，榻榻米可能会被器材划伤，所以这里几乎全部覆盖了地毯。墙壁的三面都是纸拉门，其中一面兼做与旁边餐厅的隔断，因此几乎没有隔音效果（苦笑）。尽管如此，为了实现一定程度的吸音以及视觉上的遮挡，我将之前房间里用来吸音的毡布（化学纤维）垂放下来。对面的墙壁也是如此。不过，这看上去不太美观，以后我想再摸索摸索其他的方法。不过，仅仅通过上述的操作，都能让人感觉这里很寂静（照片 4）。

问题在于西式房间。首先，我将窗帘挂在窗户上，然后将所有的设备安装好（照片 5）。注意桌子和音箱的位置要以毫米为单位进行测量，然后再去正确设置（照片 6）。在这种状态下，一边拍手一边在房间里移动，就会产生驻波。不管怎么样，我在被桌子和键盘包围的主空间内铺上了地毯（照片 7）。这时从地板移动到地毯的瞬间，能明显感觉到声音被抑制了。

接下来，让人在意的是通往餐厅的通道。因为没有门，声音是贯穿的，房间里发生的声音在餐厅被反射出去，所以能够听到回音。因此，在这里利用伸缩式窗帘轨道来设置窗帘（照片 8）。隔音窗帘的质地有些像塑料，这一点让人讨厌，所以在窗帘店尽量挑选隔音性能高的产品，用自己的耳朵确认后再去订购（笑）。其实，一开始我想要定制吸音板塞进这里，不过听到报价后发现吸音板价格不菲，且在房间内移动起来很不方便，所以就用了窗帘（笑）。重要的是反射的声音不进入到这里就可以，隔音效果倒没那么重要，事实证明这是对的！

在这种状态下，我们测试了房间的音响特性。顺便说一下，测试时使用的音箱是JBL LSR305。左右两侧音箱的频率特性在中低频以上的部分大致相同，在110Hz以下就出现较大差异了。究其原因，我认为是整个录音空间偏右设置的缘故（参照图1平面图）。也就是说，左右两侧的音箱到墙壁的距离是不同的，导致反射出去的声音出现了差异。从测试结果的图表来看（图2），左侧音箱的低频大幅下降，这是因为离墙壁比较远，与右侧的音箱相比，低频部分的声音反射少了。

那么，在这种情况下我们该如何是好呢？最简单的答案就是将音箱与左右的墙壁等距离设置。不过由于这种布局是不规则的，考虑到操作性和日常使用的方便程度，实现上述的操作会有点困难。我曾经找过建筑公司，协商是否可以采纳工厂用来间隔的可移动式分离装置，但是对方说需要60万日元，所以我就放弃了（苦笑）。这样一来，我只能尽量减少右侧墙壁的反射，于是决定用吸音板来调整。说实话，我知道这种吸音板很难吸收低音，但总比完全不用强得多。虽然在旁白录音那一节中，我曾说过可以DIY，但是怕麻烦的我在权衡过需要花费的精力、时间以及成本后，决定去买现成的材料（笑）。

于是，我购买了Primacoustic的London Room KitLondon 10。寻找可能会产生驻波的地方，然后将其安装在墙壁上（照片9、10）。即便如此，还是无法消除左右两侧音箱的低频差异。后来，我在这一点上稍微费了些工夫，在右侧音箱的端口加入了填充物，以此来抑制右侧的低频声音。在尝试

照片5　关于设备的位置，我最优先考虑的是音箱，然后配合音箱的位置来摆放桌子和键盘

照片6　在安装音箱和桌子的时候，我在图示位置做了标记，然后以毫米为单位进行调整

照片7　大致可以看到完成后的布局了

照片8　从音箱发出的声音穿过这条通道，在对面的房间（餐厅）反射出去，会出现回音，所以挡住这里是必须要做的。只要挂上厚厚的窗帘，就能有效避免上述情况的发生，也大大降低了成本

图 2　测试结果

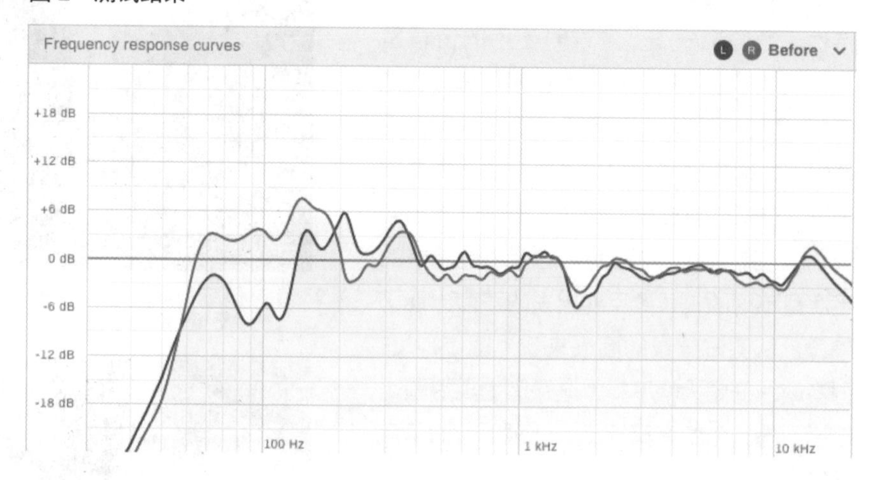

在除地毯和窗帘以外未做其他任何吸音处理的状态下得到的测试结果。其中，最让人在意的还是低频部分的差异

照片 9、10　在这类吸音产品中，Primacoustic 的吸音板价格实惠，性能出色，推荐购买。安装的时候，利用强力胶带和图钉将附属的金属配件（吸音板上有镶槽）固定在墙壁上，并挂在镶槽处。另外要注意，刚开始的时候会有比较浓重的化学气味，所以我是在祛除异味后再去安装的（苦笑）

过海绵和塑料包装等各种材质后，我发现用显示器清洁布带来的效果是最好的，所以选择了它（照片 11）。由于这次左右音箱采取了不同的对策，所以不太推荐这种做法，不过堵住音箱端口需要一定的技巧。如果只通过音箱背面的 EQ 而无法控制的话，可以尝试一下上述的操作。到此为止再次测试，结果如图 3 所示。左右音箱的低频差异缩小了不少，但是 150~200Hz 左右的不协调感没有消除。顺便说一下，搬家前我在房间里的测试结果如图 4 所示。这次因为时间关系就说到这里，今后我还会继续进行微调。

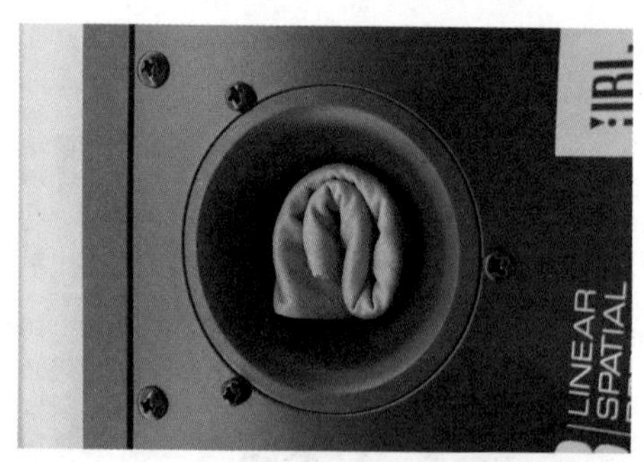

照片 11　只在右侧音箱的端口加入了填充物。有些厂家还会赠送用来调整的海绵。不过如果填充太多的话，会导致声音被吸收太多，从而使得低音变得非常模糊，这一点需要注意

图 3　再次测试结果

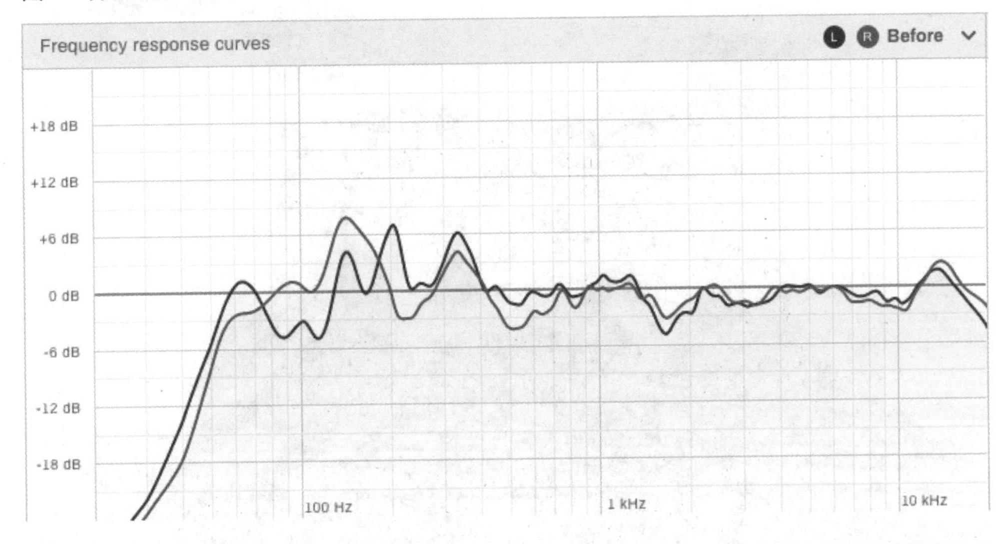

这是设置吸音板、对音箱端口进行调整后的测试结果。低频部分的差异缩小了不少，虽然声音出现了轻微的失真，但从听觉上低频的定位感并没有出现向右倾斜的感觉

图 4　之前的测试结果

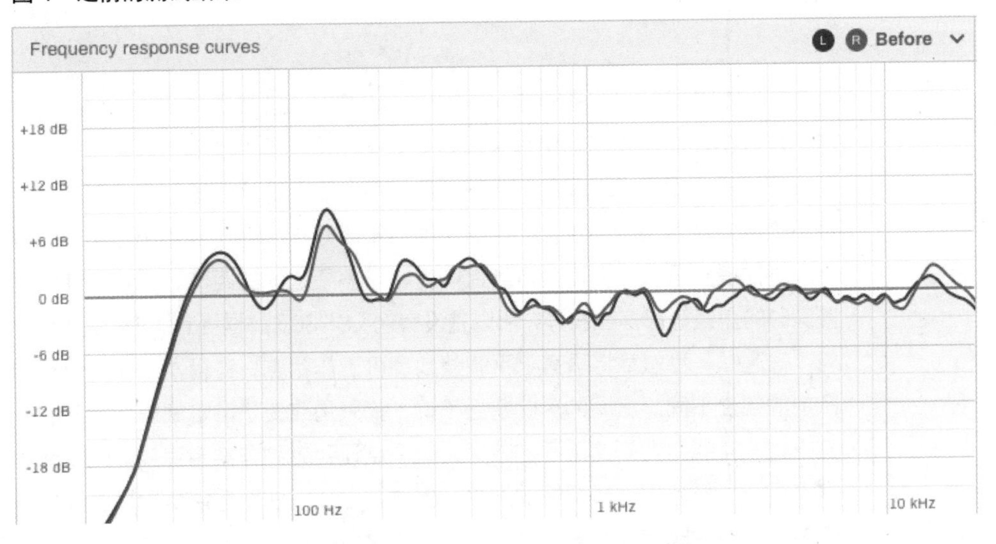

在以前的房间里录音时，我总觉得中频部分的声音不太充分，从这张图上也能看出来。不过，由于房间是对称设置的，所以低频部分是比较协调的

照片 12　我的 monoposto studio 全景。最后，我还是换上了新的液晶显示器和椅子。和搬家前的工作室相比，不论是声音还是居住性能，都得到了戏剧性的飞跃

与没有进行房间调音时的状态相比，我发现声音品质有了明显的改善，这不是数据，而是我实际用耳朵听到的结果，尤其是中频稍下区域的混浊感消失了！吸音板确实发挥了一定的效用。在搬家前的房间里，我必须用音响修正软件对声音进行修正，而在这里即使不用修正也能得到毫无违和感的声音。顺便说一下，由于小型近场监听音箱与墙壁之间的距离、低频特性以及监测时的音量等都存在差异，所以并没有像 LSR305 那样受到墙壁的影响。

就这样，我总算将录音电平调整到了可工作状态！音箱发出的声音和搬家前的完全不同。房间的形状暂且不论，我只是改变了音箱底座和音箱的设置方式，就能得到如此不同的效果，这一点让我感到非常震惊！不过，请专家来设计工作室自然是最好的选择。但是，自从出现新冠疫情之后，我们被迫在家工作的频率越来越高了，所以构建这样的环境也变得越发重要了。大家也抱着试错的心态去挑战一下吧。像这样通过自己的双手和头脑得到的经验，是靠网络报道和研讨会永远都无法获取的。为了提高自身的技术水平，我也推荐大家多试一试！（照片 12 所示的就是布置好的新工作环境全景。）

1-3-2 音响修正手段

前面已经说过，我基本上都是通过吸音、隔音或安装设备等物理方式来调整房间内的音响的。租赁物件具有相当大的局限性，即使施工也需要花费大约 100 万日元。暂且不论正规工作室的运营，如果把自家当作工作室，只有在需要正式工作室时才去租……像我这样的人，很难做到这种程度。话虽如此，既然别人是给钱让我工作的，那么我就必须提供与之相配的高品质产品。在这里，我来介绍一种便利的工具，来帮助我们处理那些无法顾及的部分。

前面测试了房间的音响特性，并且将其做成了图表。实际上，我说的便利工具就是软件，它能够以测试结果为基础，修正出平坦的频响曲线！不过，这些音响修正工具以前都很昂贵，需要专业的技术人员进行测量，个人自行引进的门槛稍稍有些高。但现在有些厂商已经推出了附带这种产品功能的音箱和压缩器，因而获取这种工具的难度大大降低了。其中，软件类的产品价格实惠，导入也很方便，用户正在不断增多。

我使用的是 Sonarworks Reference 4，由测量软件、安装在 DAW 上使用的插件以及在 OS 系统上运行的软件三部分构成。基本的使用方法是首先用测量软件和附赠的麦克风进行测试，然后将测试结果保存为文件，用插件或常驻软件读取后进行修正。

插件在 DAW 的主 fader 末段插入使用（图 1）。由于修正软件本身是音轨

图 1　插件界面

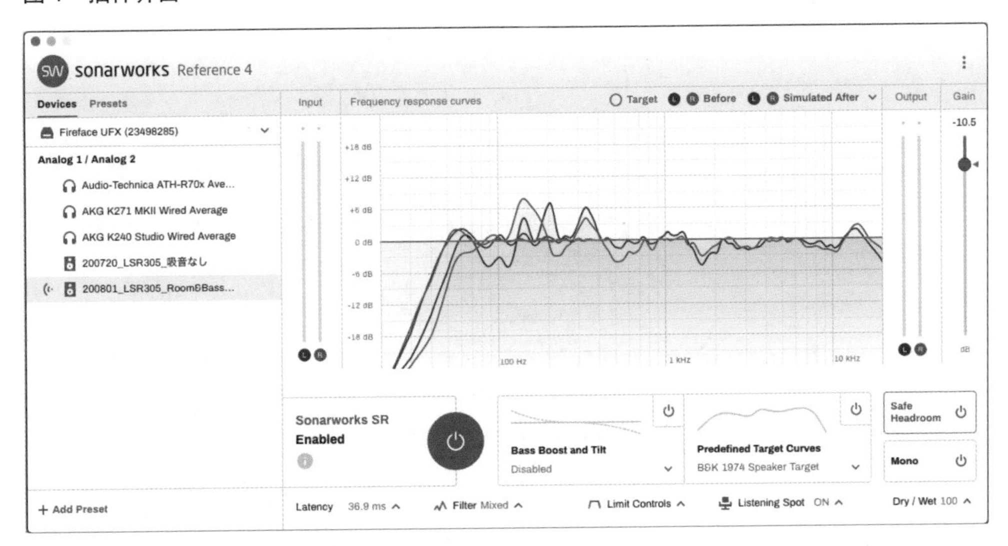

插件在 DAW 的主 fader 末段插入使用

数较多的线性均衡器，根据选择的处理精度，有时候会出现较大的延迟问题。

常驻软件适用于浏览器和音乐播放器的输出，用起来非常方便！由于其他厂家的产品只有插件，平时用起来非常不方便，而 Sonarworks Reference 4 考虑的还是相当周到的。

另外，Sonarworks Reference 4 也可以对耳机进行修正。虽然自己无法测量，但是制造商预设了其测定过的数十个机种，所以只需要从自己使用的机种中选择即可。在日本，虽然 Sonarworks Reference 4 没有收录经典款 SONY MDR-900ST，但基本上全世界的大部分耳机都收录在内（也就是说只有日本将 SONY MDR-900ST 作为经典款），不过 Sonarworks Reference 4 的每次更新都会追加新的耳机机种，所以还是可以期待一下的。话虽如此，我使用耳机时并没有做任何修正。因为如果将耳机带出去，在不同的环境下声音发生改变的话，那就会变得非常麻烦（苦笑）。

为了能够以准确的声音进行监测，使用这些产品还是非常方便的，我也因此受益颇多。不过即便在没有这些产品的情况下，我们还要能调整或设定正确的声音，这一点是非常重要的，请大家谨记在心吧（笑）。

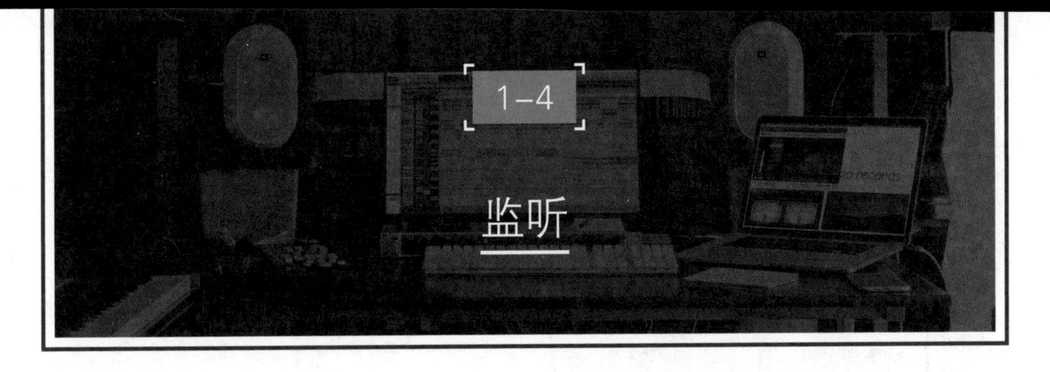

1-4 监听

图 1　布置音箱

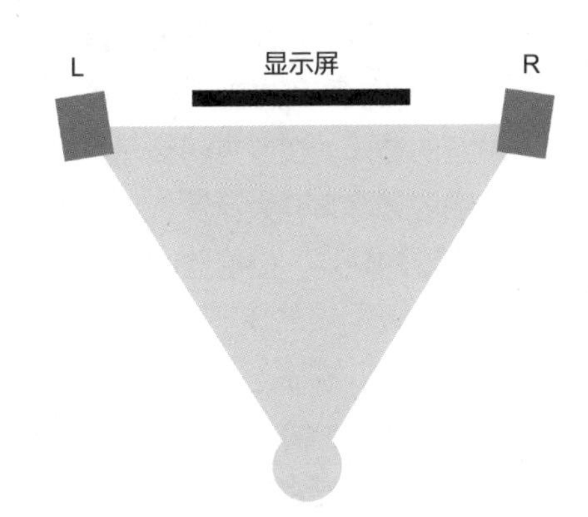

前面已经介绍过监听音箱的设置，接下来详细看一下包含监听时的音量在内的内容。

首先从最根本的内容开始。将左右两侧的音箱和自己分别连线，形成正三角形（图 1）。

这时，正三角形的边长控制在 1 米以内就可以（近音场）。为了拾音准确，可将音箱稍稍向内侧设置。不过，如果音箱的设置角度与正三角形的相同（也就是 60 度），很多时候就会显得有些过度。大多数情况下，我们只要将角度设置得能够稍微看到音箱内侧就可以。有时，比这个角度小点会更好，所以不要怕麻烦，请一点一点确认。另外，在设置时要注意利用卷尺等认真测量，然后进行正确设置。

关于监听音量，这一点因人而异。如果是在录音室，大多数情况下将音量设置在 85dB-A 左右，不过要是在普通家庭设置为这个音量，估计会招来邻居的抱怨吧（苦笑）。如果是在自己家中录音，将音量设置在 70dB-A 左右就可以了。大多数人的手机上都有用于测试的简易应用程序，感兴趣的人可以试一试。那么，在录音室等地方录音为什么需要设置那么大的音量呢？这是因为有些世界只能透过音量才能感知到。根据声音频率的不同，人耳感知声音的灵敏程度也会不同。与低频、高频的声音相比，人耳对中频声音的反应比较迟钝，看看等响度曲线（图 2）就能明白这一点。

例如，当 1000Hz 听起来像 40dB SPL 时，要想让 100Hz 听起来有相同的声压（等响度），就必须发出 60dB SPL 左右的声音。也就是说，如果不放大音量的话，我们就很难听清低沉的声音。另外，在电影院这样的地方，如果要放大音量听的话，就必须采取动态范围更广的混音，所以需要在同样的环境下工作。还有比较单纯一点的理由，就是大音量可以让人心情舒畅吧（笑）。不管怎么说，要输出这么大的音量，就必须配备相应尺寸的音箱。台式 PC 的小型音箱根本无法输出超低频的声音，声音很容易出现失真现象。

图 2　等响度曲线

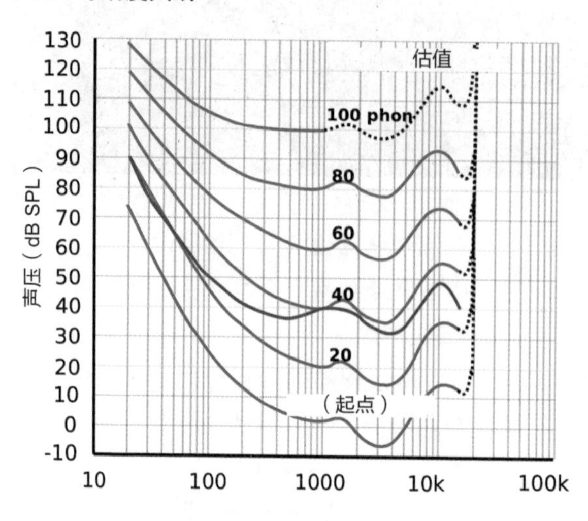

所以，如果在自己家里进行混音，请在合理的范围内进行音量的操作。顺便提一句，在平时的工作中，我一般将音量控制在 70~74dB-A 左右，偶尔遇到在小型电影院播放 CM 的情况，音量通常控制在 83dB-A 左右。不过，要是想要用大音量工作的话，利用外部的录音棚是明智的选择。在没有调整好室内音响的环境下开大音量，就会放大声音的缺点，使得监听无法顺利进行。

很多时候我们在工作中也会利用小音量的声音。基本上，电视与 PC 所用的声音都是通过小型音箱来收听的，音量一般控制在 60~70dB-A 左右，有时候为了让这一音量的声音听起来更清楚，我们必须要对其进行混音处理。最终，与电影院等所用的声音相比，小型音箱的声音的动态范围变窄，声音制作也以中频为主。有时候我们会对 BGM 的母带进行二次处理。由于 BGM 并非是单独的“音乐作品”，只是“视频中附带的声音”，所以要判断应该优先传达视频内容还是 BGM……我们有必要时常具备这样的意识，不过要想做出这样的判断，还是在小音量的场合下更容易。

最后补充一句，如今在智能手机和平板电脑上观看视频变得越来越普遍，因此，我们在混音的最后阶段，可以通过这些设备反复播放来确认听到的声音。这时最重要的是，一定要保存为视频文件后再去检查，比起听觉，人类在进行视觉活动的时候更容易意识到声音。在这种状态下，客观地检查视频与声音是否一致、旁白与对话能否听清楚等工作是非常重要的，所以请务必亲自实践一下。

1-5 著者自宅录音室介绍

在这一章的最后，我想介绍一下自己家中的录音室（照片 1 ~ 照片 3）。从环境来看，这个录音室可以在一定程度上放大音量，所以没有做正式的隔音加工，我通过对音频设备的摆放以及一些吸音处理来调整声音。我要在这个录音室中度过一天中的绝大部分时间，所以非常重视舒适感（笑）。

◎主要设备

我的主要设备是 Mac Book Pro（Late 2013）。之所以将笔记本电脑作为主要设备，是因为我在外面录制钢琴声或在音乐会中要经常拿出来使用。还有，使用笔记本电脑的话，我可以在外面直接使用自己平时使用的插件，非常方便。但是，用了 7 年之后，这台设备的性能也几乎到了极限，最重要的是电池不行了（苦笑）。

照片 1　家中录音室 1

照片 2　家中录音室 2

照片 3　家中录音室 3

◎音频接口

在过去的 10 年里，我主要用到的音频接口是 RME Fireface UFX（照片 4）。这款音频接口的驱动程序一直都在更新，所以我能够安心地长时间使用。在音质方面，虽然其动态范围并不是十分广阔，但中频区域的声音非常紧凑，给人以信赖感。其内置的麦克风前置放大器，加上低频音色流畅，在录制现场乐器声时非常实用。总的来说，RME Fireface UFX 拥有非常出色的性能，用起来十分方便。

◎监听音箱

我主要用到的是 JBL 104-BT-Y3（照片 5 中位于前面的设备）。虽然 JBL 104-BT-Y3 是价格仅为 2.2 万日元的廉价音箱，但由于其采用的是同轴单元（在同心圆上安装高频音箱和低频音箱），拥有非常出色的位相，所以定位感和空间表现力都很不错！照片 5 中靠里面的监听音箱是 JBL LSR305，这是一款 2WAY 有源音箱，我之前将其作为主要音箱来使用，现在则是将其放在中场位置，一般用于大音量环境下的低频检查等。

◎监听耳机

我最常使用的监听耳机是 JVC HA-MX10-B（照片 6 左）。因为其中频声音的分辨率高，所以在声音处理和噪声检查等方面发挥了很大的作用。MDR-7506（照片 6 右）是用于麦克风录音时的监听耳机。我将其内部的零件换成了 900ST 的零件，然后将左右两侧的耳机分别进行了升级，所以现在输出的声音和原来的完全不一样。R70x（照片 7）是开放型的监听耳机，一般用于低频检查或作为钢琴等乐器演奏时的监听耳机使用。其实，监听耳机还有很多种，目前我常用的是以上 3 种。

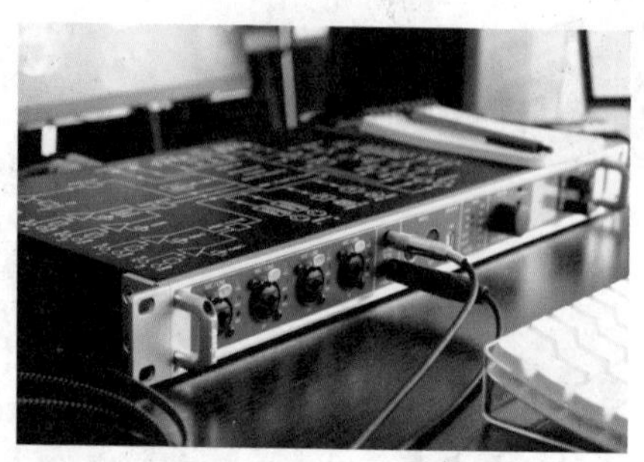

照片 4　音频接口

照片 5　监听音箱

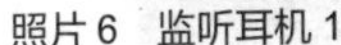
照片 6　监听耳机 1

照片 7　监听耳机 2

◎麦克风

在照片 8 中，从左上按顺时针方向依次为 GROOVE TUBES MODEL 1B（真空管麦克风）、JZ Microphones V11、audio-technica ATS500、Lauten Audio LA-120（Stereo Pair）、SHURE SM57、MXL R144（铝带式麦克风）。一般来说，我使用 MODEL 1B 或 V11 来拾取歌声或旁白。尤其 MODEL 1B 是真空管麦克风，如果想要让高频声音更加空灵的话，则可以选择这款麦克风。SM57 是经典的动圈式麦克风，在录制乐器声场合使用较多。铝带式麦克风 R144 用于录制钟琴和玩具钢琴等高频比较尖锐的声音。

我基本上不需要使用外置处理器的 ITB（In The Box，即只在 PC 内完成）环境。除此之外，我还有小配件、合成器、电子钢琴、吉他、贝斯、民族乐器等，主要用于音乐制作。虽然很多数码类的合成器都会利用软件，但是模拟合成器和电子钢琴本身的声音就很出色，让人无法舍弃！

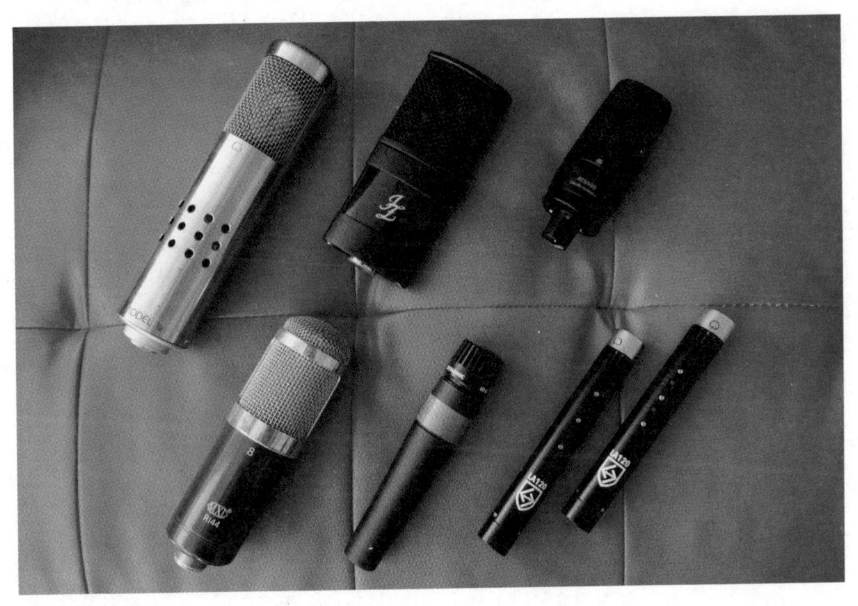

照片 8　麦克风

专栏

outboard 器材真的有必要吗

outboard 器材指的是与搭载了混音控制台的麦克风放大器、EQ、压缩器等不同的外部硬件器材。正如大家所知道的那样，现在很多效果器都是作为插件使用的，而且有些音频接口内置麦克风放大器，所以要是被问到 outboard 器材是否真的需要，我只能回答说“不需要”（笑）。如果看到专业录音棚的照片，你就会发现录音棚内堆积了大量的 outboard 器材。下面，我们来思考一下 outboard 器材的优点和缺点。

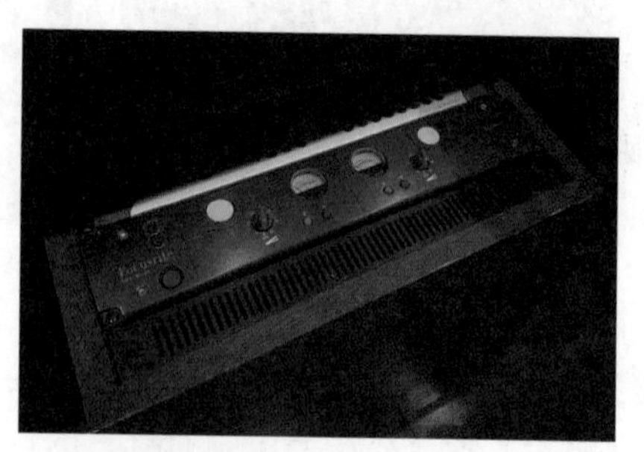

六本木的声音后期工作室。位于艺术广场的 outboard 器材只有 Focusrite RED 8（2ch 的麦克风放大器）。虽然现在已经停产了，但这是我最喜欢的麦克风放大器之一

优点

- 拥有软件无法比拟的声音质感。
- 通过物理上的旋钮操作来降低工作难度。

缺点

- 因为没有回放功能，所以在对完成品进行修正的情况下很难再现出声音。
- 需要布置场所和确保有电源。
- 很多老式的 outboard 器材的信噪比不好。
- 为了维持设备的状态，必须进行相应的检修。
- 性能出色的设备往往价格高昂。

这样看来，outboard 器材的缺点不少，相应地也拥有音质方面的优点。果然，真正通过电路的声音有着压倒性的存在感。不过，对这方面比较执着的大多是音乐制作现场的人。

因此，是否需要 outboard 器材，就看个人要求高不高了。当然了，虽然 outboard 器材只是插件，却能完成高质量的工作！实际上，即使是大型的声音后期工作室，在很多情况下只是最小限度地配备了 outboard 器材（比如只有麦克风放大器或通道条之类的），包括我自己也是这样做的。不过，我在本书中曾经多次提过，提前了解实际的声音是非常有意义的一件事。与其关注软件，倒不如想一想这个声音真的好吗？如果觉得声音好，那好在哪里呢？在心中好好思考这些事，我认为这对之后的声音制作是很有帮助的。

位于板桥的录音棚 ReBorn Wood，本图为该录音棚的控制室。在我的印象中，只有在靠声音制胜的音乐制作现场才会用到 outboard 器材

第 2 章

实践篇

从这里开始，我们将遵循 MA 的工作流程来看看其中的具体工作。

2-1

MA 的工作流程

MA 是“Multi Audio”的缩写，指的是对视频附带的声音进行调整、混音以及旁白录音的过程。接下来，我将以个人开办的在线 MA 服务“拜托了 MA”的工作流程（图 1）为例进行说明，基本上和声音后期工作室的 MA 流程差不多。这里我会介绍 Pro Tools 的具体操作。Pro Tools 是在声音后期制作中使用最为广泛的软件之一，在编辑和混音方面也很便利。

图 1　工作流程

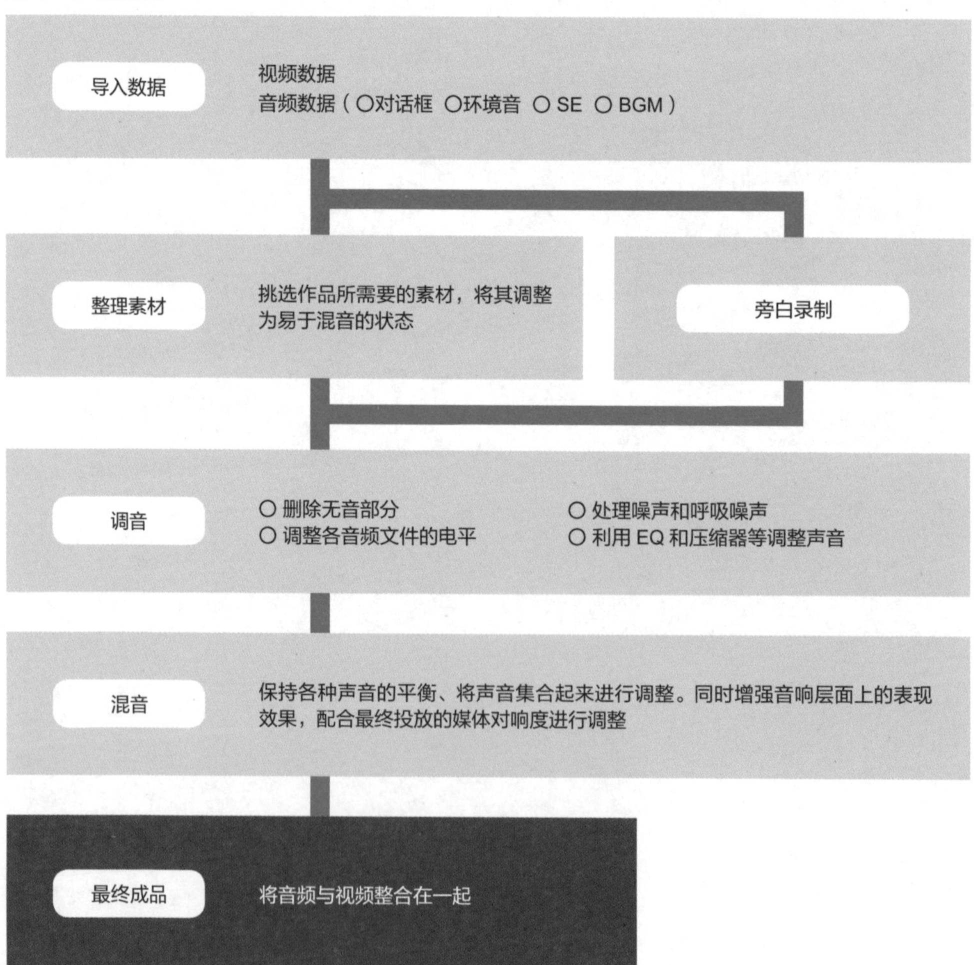

1 导入数据

在“拜托了 MA”服务中，主要接收的文件格式是 OMF、AAF 文件。即便在其他类的软件中，如果是 OMF、AAF 文件，也能再现视频剪辑软件剪辑后的状态。从每个音轨的剪辑点到旋钮信息，再到音量自动情绪化绘制，除去外挂效果器，基本上可以原封不动地再现被视频剪辑软件剪辑后的状态，因此我们能够用 DAW 进行更细致的剪辑和混音。如果无法顺利接收这些文件，那么就要求每条音轨的长度都与视频的相同（从最初到最后），以这种状态导出 WAV 文件，不过这基本上是无法实现的。

2 整理素材——整理音轨和读取视频

由于接收过来的文件处于没有分轨的状态，或显示了不需要的空轨道，所以要将这些音轨整理成能够顺利进行 MA 工作的状态。如果还有其他视频文件，也要提前一并读取。

3 调音

如字面上的意思，这项工作就是对声音进行调整。也就是所谓的音频编辑，即对噪声进行处理，将声音调整到清晰自然的状态。

4 混音

调整各种声音之间的平衡，直到能够听清最重要的声音（旁白与对话），同时又不破坏背景音乐等营造出来的氛围感，混音的目的在于取得这两者之间的平衡。根据最终的视听环境，这种平衡感也存在着差异，所以进行 MA 时需要提前考虑好这一点。

5 混音——调整响度

配合最终投放的媒体来调整声音的响度。响度是指加入了人类听觉特性的平均音量。除了电视广播节目，很多网络媒体也都采用了该项技术，因此混音后响度要符合这些媒体规定的响度。

6 最终成品

最后，以 24bit/48kHz 的 WAV 文件导出音频。之后由导演将视频与音频进行整合，直到完成最终成品。

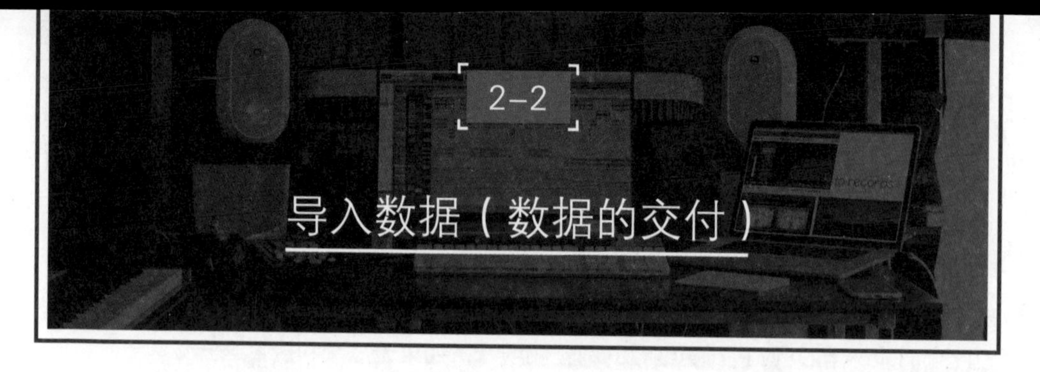

导入数据（数据的交付）

◎ OMF/AAF

在“拜托了 MA”服务中，我从委托人那里接收到的音频格式主要是 OMF、AAF，上一页有详细介绍。在使用视频剪辑软件导出这些数据的过程中，有时也会出现在 Pro Tools 无法展开 OMF、AAF 文件的情况。接下来我总结一下从委托人那里接收数据时需要注意的事项。从事视频行业的人对声音有很多不熟悉的地方，所以在接收数据时将以下内容传达给对方就可以了。

- 在导出数据前，将音轨分为“对话”“BGM”“环境声音”“SE”等不同类别进行整理。

  这样一来，进行 MA 时音轨整理工作就会变得轻松，从而提高工作效率。如果能够删去静音的文件，就更理想了。

  注：静音文件，指的是在 Pro Tools 上表现为内容不明的空文件，易导致音轨混乱。

- 将对话等单声道声音作为立体声文件处理时，请在剪辑软件上进行单声道处理。

  很多时候我们会将单声道输入的声音以立体声的形式录下来。提前做好这项工作，就可以省去用 Pro Tools 分割单声道音轨的麻烦。

- OMF、AAF 文件有两种类型（图 1），一种是“.omf”“.aaf”文件打包所有音频的“单个文件夹（嵌入音频）”，另一种是“.omf”“.aaf”文件只记录剪辑内容，将音频单独导出的“分离音频”。

  一般来说，用第一种方法导出比较简单，也不容易发生问题。

  如果选择第二种方法，请务必将“.omf”“.aaf”文件夹和音频文件夹放入同一个文件夹后再进行交付。

  不过，需要注意的是，OMF 文件的容量限制是 2GB（AAF 文件没有容量限制）。

- 请务必将“预备帧”（Handle）设定为 3~5 秒（例：如果是 30fps，则 30x5=150 帧）。

  这个设定关系着你想要在每个音频块留出多少前后时长。

  如果以 0 帧导出，则原本应该隐藏在音频块前后的部分就会以 0 帧的

图 1　OMF 文件的种类（AAF 文件也大致相同）

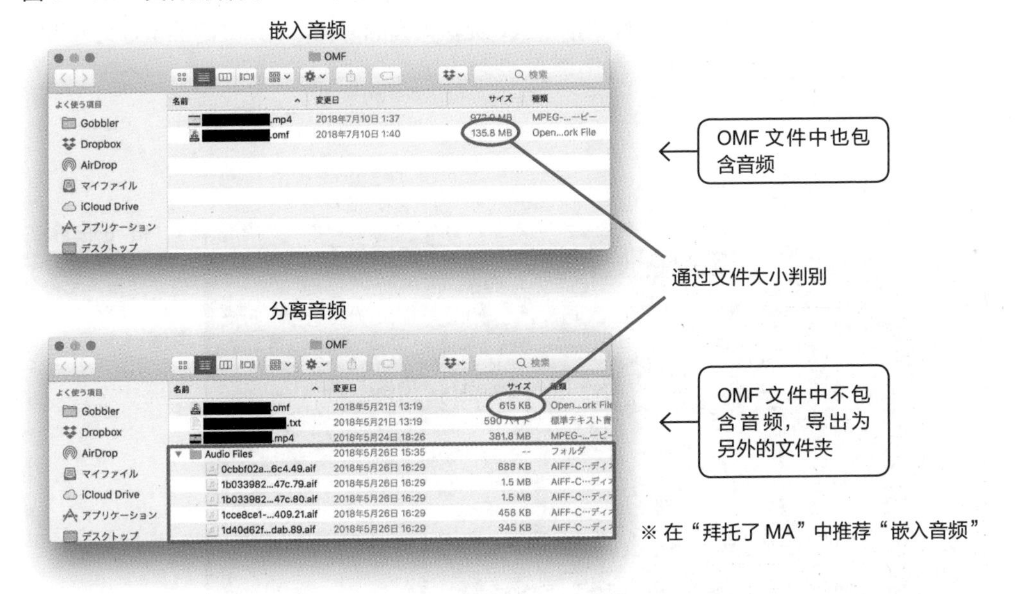

状态导出，那么在 MA 时剪辑自由度就会大大下降了。所以，请一定要将其设定为 3~5 秒左右。

以 OMF、AAF 文件中的哪一种格式导入数据，取决于委托人使用什么剪辑软件。一般来说，不管选择哪一种格式，都是可以顺利完成 MA 的。不过，由于 AAF 文件可以继承音频文件的增益数据，说不定会更加方便。

如果怎么也接收不了 OMF、AAF 文件，或很难展开数据，就以 WAV 的格式分别将各个音轨导出后再去处理。但是这种情况几乎是不存在的，不过为了以防万一，还是提前想好这些情况吧。

◎视频文件

除了上述音频文件，视频数据（附带声音）会以全 HD 或半 HD 的格式进行接收。虽然能用 OMF、AAF 文件去读取视频数据（图 2），但是在用 Pro Tools 展开数据的时候，OMF、AAF 文件经常会因为某种不明的原因，导致音频或效果丢失（图 3），视频剪辑者应时刻保持关注。说起来，这类似于 demo 混音。“拜托了 MA”是通过听取视频的用途和大致的要求，然后基于此来判断必要的音频处理和音响演示效果，最终完成音频后期制作服务的。由于视频中的声音是委托人剪辑后的状态，所以大致表现出了他们想要达到的效果。对这些信息进行认真解读后再去进行 MA 的话，或许能够更顺利地推进工作。

关于视频文件的格式，H.264 等通用格式都是可以的。不过，即使是通用格式，在 Pro Tools 中也会出现无法处理的情况，所以提前准备好文件转换软件，就不会有什么顾虑了。

图 2　展开 OMF 文件

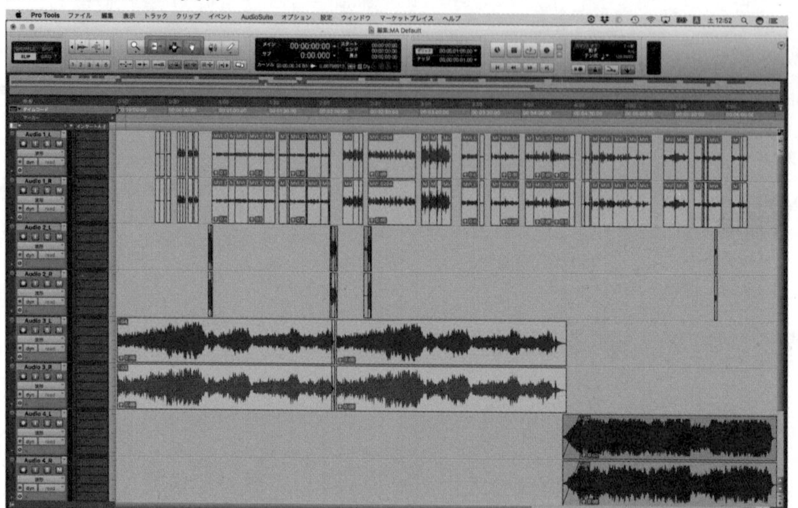

用 Pro Tools 展开 OMF 文件后的状态。立体声文件被导出为两个单声道文件（L/R）

图 3　展开失败

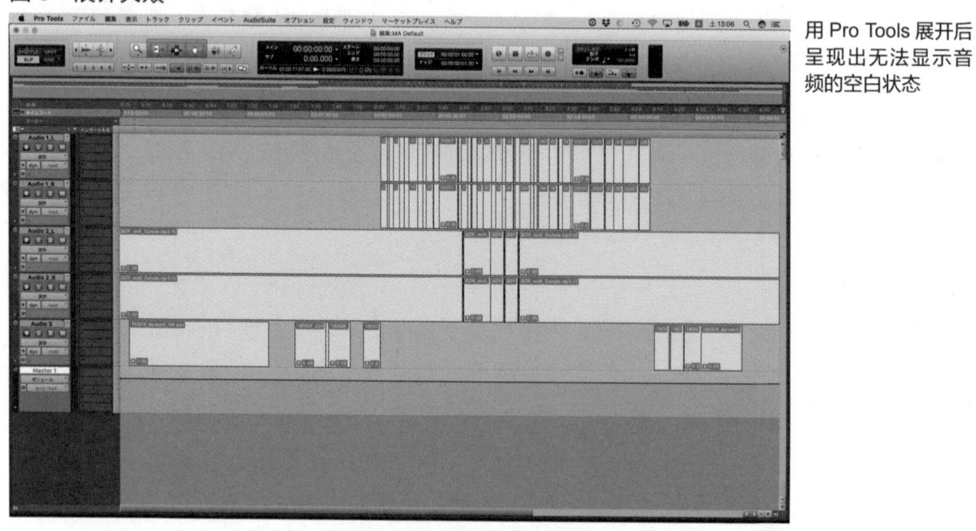

用 Pro Tools 展开后呈现出无法显示音频的空白状态

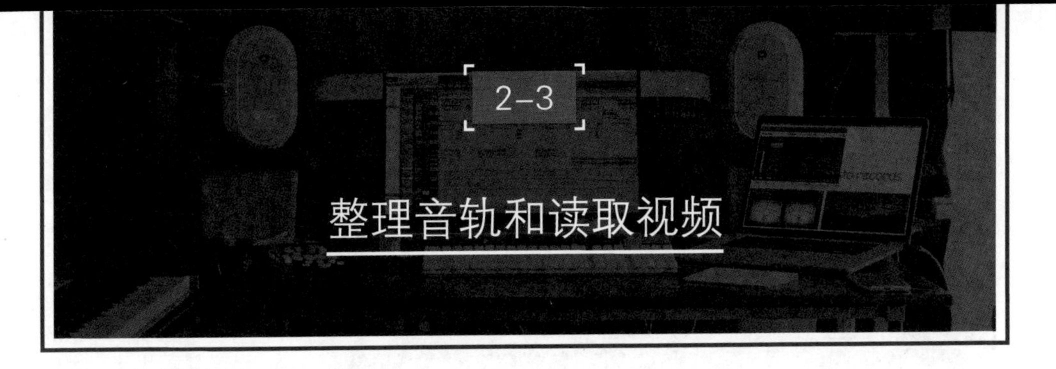

◎整理音轨

尽管我们可以请求委托人对音轨进行一定程度的整理，但很多时候还是会出现遗漏的地方。即便我们说明了整理方法，他们也无法正确理解。这个时候整理音轨的任务自然就落到了我们身上。下面是我整理出来的内容（图 1）：

图 1　整理音轨

在 Pro Tools 展开接收到的 AAF 文件

1 单声道 / 立体声的整理

从音频上来看，明明都是单声道，却出现了 2 条音轨（由于原文件是立体声），我们将这 2 条单声道音轨合成 1 条（图 2）。

图 2　合成单声道音轨

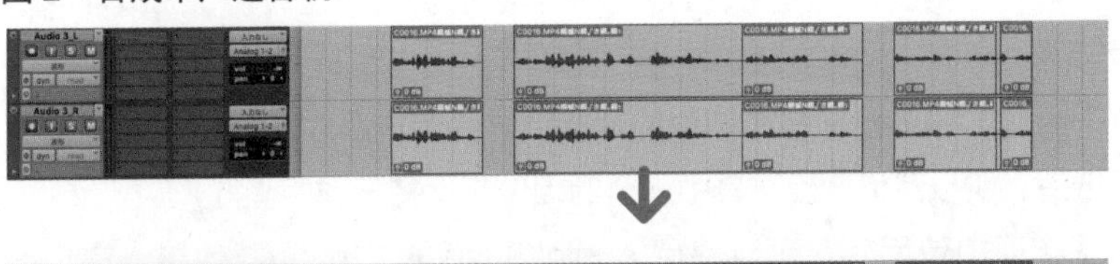

另外，如果 BGM（背景音乐）是单声道 ×2 的话，那么就以 L 和 R 的形式将这两条单声道剪辑到一起，然后汇总到总线

在视频剪辑软件上，如果原文件是立体声的，就会以 2 条单声道音轨的形式显示出来。因为这 2 条音轨的波形完全相同，所以我们可以删除 1 条（图 3）。

图 3　删除相同的单声道音轨

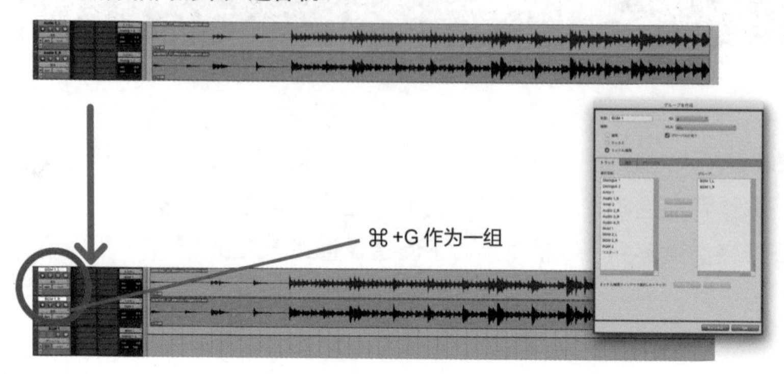

由于立体声的背景音乐也会以单声道 ×2 的形式显示出来，所以我们将其分别命名为“BGM1_L”“BGM1_R”，然后将其分为 1 组。这样我们就可以同时对这 2 条音轨进行剪辑了。另外，还要制作新的立体声总线，将“L”与“R”的音频信号汇合到总线中。在添加效果时，将其直接插入该总线即可

2 根据人物来区分音轨

当然，根据不同的声音，想要添加的 EQ 也会出现差异。

不过，即便是同一个人，由于所处的位置或所用的麦克风不同，音质也会出现偏差。所以，鉴于这种情况，我们也需要使用不同的音轨（图 4）。

图 4　区分音轨

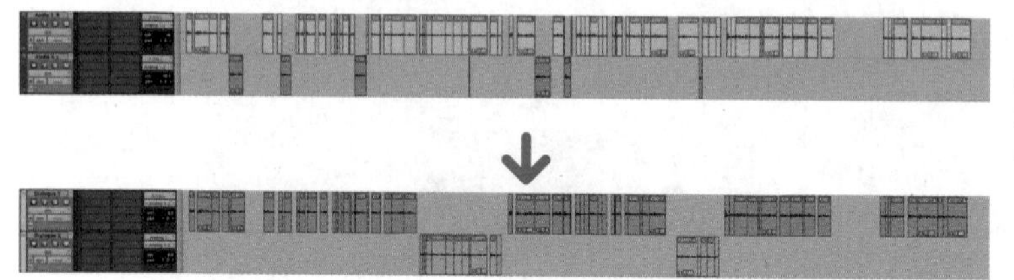

由于 2 条音轨上混杂了 2 个人物的声音，所以为了便于处理，我们按照人物来区分音轨

3 让枪式麦克风与领夹麦克风相位一致

如果同时利用枪式麦克风与领夹麦克风进行录制，再将这两种声音直接叠在一起的话，那么最后的声音或许听起来会像二重奏。

这是因为说话人离枪式麦克风和领夹麦克风的距离不同，所以声音到达麦克风的时间也出现了偏差。

一般来说，佩戴领夹麦克风的人，声音到达麦克风比较快，所以我们需要边看波形边协调枪式麦克风的音频，让两者保持一致。

这个时候，如果出现各个波形的形状反向（反向相位）的情况，声音就会相互抵消，所以我们要反转其中一个的相位来保持一致（图 5）。

为了实现相位反转，可以使用 Audio Suite 的“Invert”效果，操作起来非常简单。

当然，通过插入外挂效果器来实现相位反转功能也是可以的（这种情况下波形的图形不会发生变化）。

顺便一提，我们并不是一定要同时使用领夹麦克风和枪式麦克风的。

在大多数情况下，领夹麦克风的声音比较“干燥”（回音较少），用起来非常方便。但是，这种声音也会给人一种沉闷感。另外，可能还会拾取比较严重的衣服摩擦声。

与此相对，枪式麦克风的声音清晰干净，但会拾取较多的房间回音或环境噪声。

虽然可以将这两种声音合在一起制作，有时却会发生其中一方的声音完全不能使用的情况（苦笑）。

图 5　保持波形相位一致

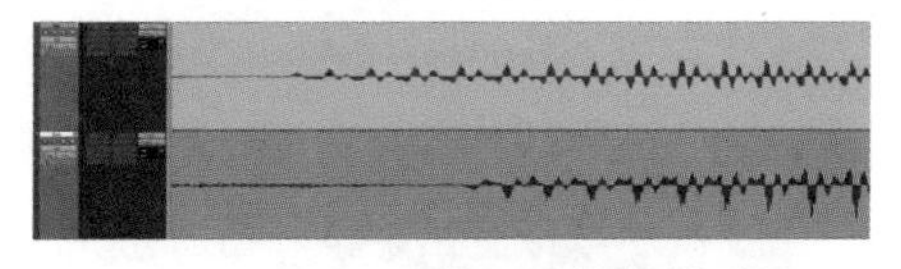

配合波形的时间

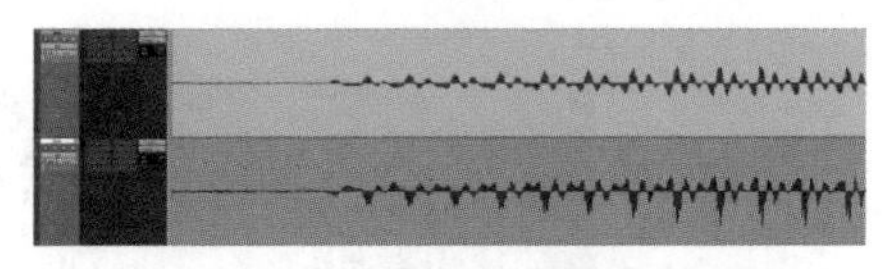

在波形反相的情况下利用相位反转

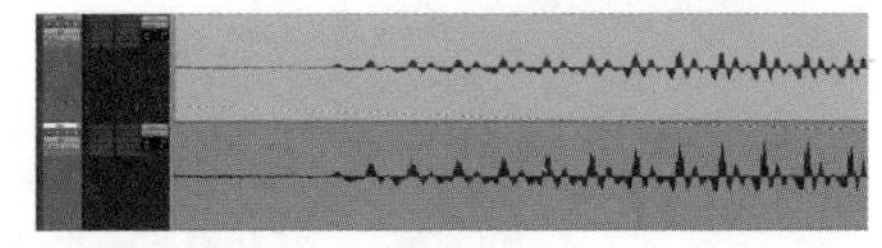

使用领夹麦克风与枪式麦克风录音存在偏差是在所难免的，所以我们要提前对齐波峰，这时如果放大波形的话，后期制作就变得简单了。另外，如图 5 所示，当其中一方的波形出现反相的情况，那么我们可以利用相位反转，使其与正相保持一致（在这张图上，上方的领夹麦克风波形是正相的）

4 整理音轨顺序

基本上按照“旁白、对话等人声”“现场同期的环境音”“SE”“BGM”这样的顺序排列，不过这个顺序在后期制作过程中有时会临时出现变更。尤其是不需要和外部工作室进行协商沟通的情况下，可以选择自己更容易操作的顺序。

同时，按照不同的要素对音轨进行颜色区分。

从我个人来说的话，在大多数情况下，人声用黄色、环境音用绿色、SE 用淡蓝色、BGM 用红色（图 6）……

图 6　用颜色区分音轨

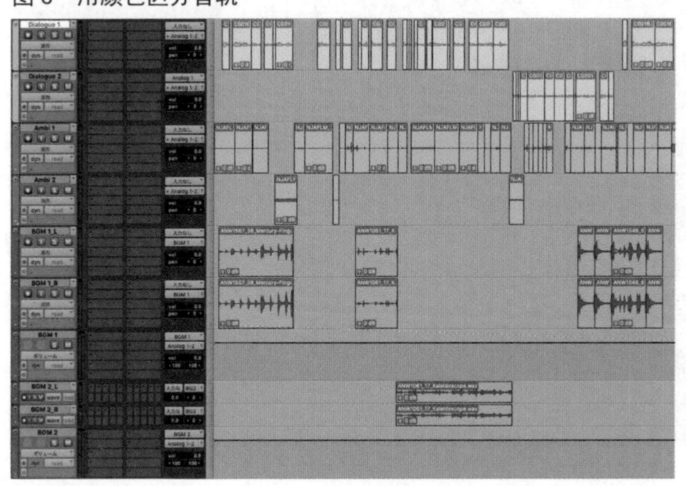

因为没有特别的颜色区分规则，所以只要自己容易操作就可以。不过，如果和合作的工作室采用相同的配色方案，也会受到对方的欢迎

◎读取视频

如果 OMF 或 AAF 文件里没有包含视频的话，我们就需要将对方发送过来的视频进行单独导入。在这种情况下，我们可以一并导入视频所附带的音频数据，将其命名为“Guide”（图 7），在后面的 MA 工作时作为参照。

图 7　导入附带音频并命名

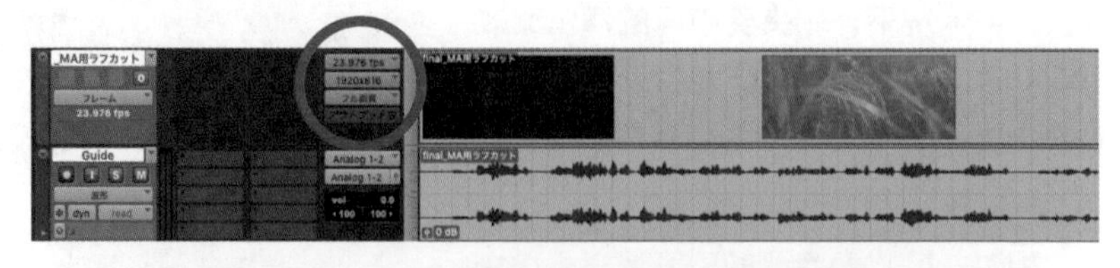

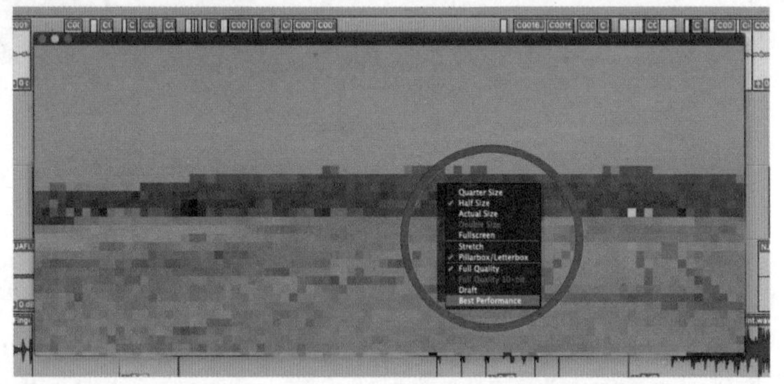

读取视频及所附带音频后的状态。提前用“Guide”等便于理解的名称对音频进行命名。在视频音轨（第一张图）的圆圈处确认帧率。如果与编号的帧率不相符，那里就会用红色标识出来，这时打开菜单栏的“设定”→“会话”选项进行操作，用来与读取“时间码”的视频文件保持一致。另外，我们也可以对所读取的视频尺寸、视频质量进行变更。如果对器材规格的要求过高，无法顺畅播放时，则使用“Draft”或“Best Performance”可以减少负荷

整理后的会话界面如图 8 所示。

图 8　整理会话

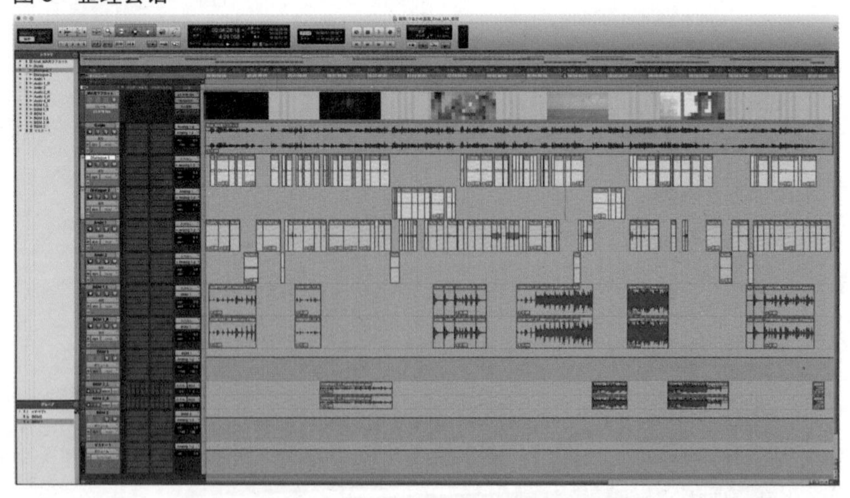

看上去一目了然，操作起来非常方便。根据操作可以随时改变音轨的高度等

◎确认无声部分

如果是商业广告的话，就必须确认无声部分。根据日本商业广告的规定，需在正片的开头和结尾制作 0.5 秒的无声部分（图 9）。如果没有无声部分的话，就需要通过切掉部分声音或者错开声音等操作来空出 0.5 秒。这样一来，声音开场时状态很可能会变得不自然，或时间码出现错乱等，最后委托方往往会请求重新制作。因此，一旦接收到数据的话，就早早地提前确认好这一部分吧（图 10）！

图 9　概念图

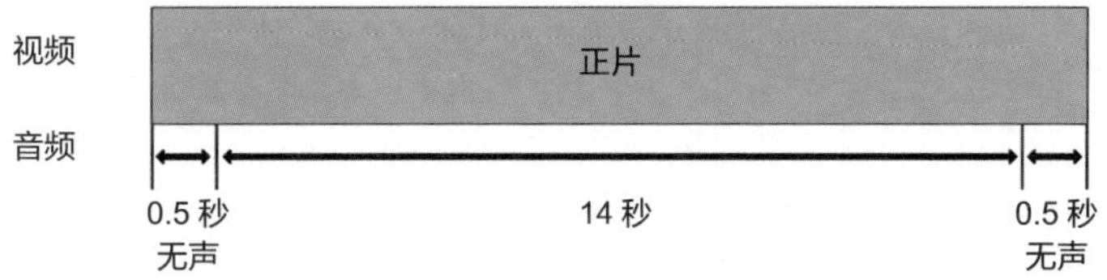

无声部分在电视放送时是必须存在的。这样一来，在切换商业广告时，前后共 1 秒的无声部分可以发挥间隔作用，让两支商业广告切换得更加自然。如果是网页类的商业广告，则很多时候并不需要设置这样的无声部分，但我认为无声部分的存在可以减少演播事故的发生概率

图 10　实例

正片开头的无声部分。别忘了结尾处也要空出 0.5 秒的无声部分

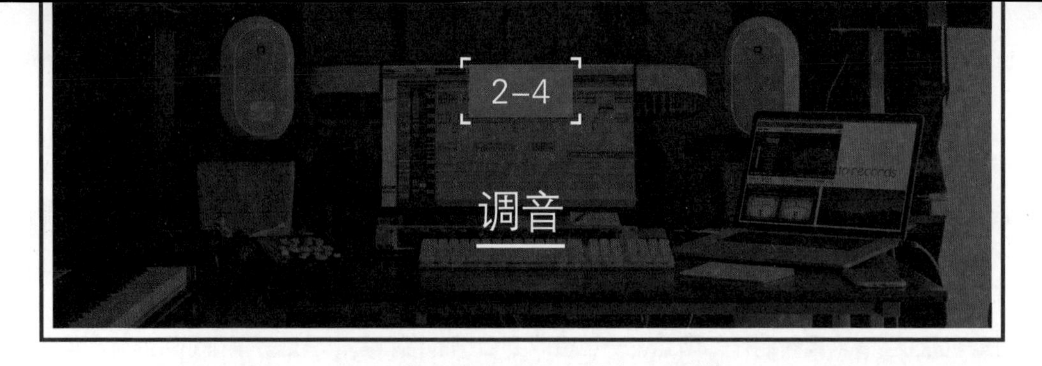

2-4 调音

顾名思义，调音就是调整声音的工作。用烹饪来比喻的话，就是需要对着菜单提前准备好食材。实际上，很多时候调音会和我在后面说到的混音同步进行，在电影或电视剧的片尾谢幕中不会标记为 MA，而是多被标记为“调音”或“混音”，所以没有必要明确区分两者。这里只是将调音作为获取音量平衡前的工作来定义的。下面就让我们按照顺序来看一下吧。

2-4-1 旁白、对话的调音

◎设定 VU 表

第一次使用 VU 表的时候，最让我感到困惑的就是 VU 表的校准。当时我并不知道具体的设置方法，只记得花费了大量时间去搜索相关信息。我周围几乎没有人知道这项设备的具体操作方法（苦笑）。即使问了专业的音频工程师，他们也只是说“+4=0VU”。关于这一点，我在这里稍微解释一下（表 1）。

将上述“ +4=0VU”翻译过来的话，就是“+4dBu=0VU”。在本书开篇，我们曾提到过“dB”，如果在专业的模拟混合器上输入 +4dBu（等于 1.228V）的正弦波（1kHz），VU 表的指针就会指向 0 刻度。在模拟音频时代，操作到这里就可以了。但是到了数字音频时代，还会涉及“dBFS”。此外，在不同行业或不同的工作室，这项基准也存在着差异，处理起来非常麻烦（苦笑）。因此，在这里我只列出了几种具有代表性的设置方法。

如果是插入式 VU 表，一般都可以设定基准值，那么只需要调整这个基准值即可。我个人一般会将基准值设定为“−20dBFS”（图 1），然后再去进行声

表 1　VU 表校准值

	特征 / 用途
+4dBu=0VU=−20dBFS	电影界的标准数值。日本的商业广播一般采用该数值
+4dBu=0VU=−18dBFS	包括音乐界在内的世界范围的标准数值。NHK 采用该数值
+4dBu=0VU=−16dBFS	日本音乐界的标准数值。大多数的声音后期工作室会将其设置得比这一数值高 10dB 左右

图 1　VU 表

顺便说一下，插入 VU 表的节点不同，指针的摆动方式也会不同。与在主总线的结尾插入 VU 表（立体声）相比，在对话音轨的结尾插入 VU 表（单声道），指针的摆动幅度会更大。这遵循着一种叫作 Pan Law 的声像工作法则。如果我们用立体声监听系统去监听一个声像在中间的单声道信号，其响度比在单声道监听系统下大。Pro Tools 的 Pan Law 默认为 –3dB。我一边观察插入主总线的 VU 表，一边进行后期制作

音后期制作。顺便说一下，不同品牌的 VU 表，其指针的摆动方式也会有所不同。我最喜欢的是 WAVES 的 VU 表，这是我所使用过的产品中最好的。

◎保留原始状态

在开始调音工作之前，我利用 Pro Tools 的追踪播放列表，制作了一个复制原始数据的播放列表（图 2）。这能让某条音轨拥有多条隐藏轨道，现在几乎所有的 DAW 都具备这一功能。在这条音轨上实际播放的只是选中的播放列表，其他的播放列表可以用来存放素材或伴奏（从多个播放列表中只选取好的部分进行连接，制作出好的 take）。命名音轨时，如果将原始素材命名为“Dialogue 1”，那么复制的文件就命名为“Dialogue 1_EDIT”，按照这样的方法来推进后期制作。在调音过程中，除了能够实时发挥外挂效果器的效果，还能改写波形（尤其是像 iZotope RX7 等），如果后面无法得到理想的效果，通过复制粘贴，就可以从原始的播放列表中恢复到最初的状态，非常方便。

图 2　播放列表的复制

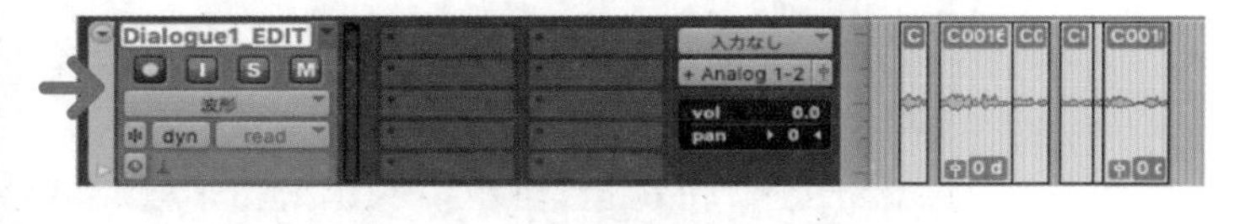

从音轨名称右侧的“▼”复制播放列表。复制时最好起一个便于记忆的名字

◎电平的调整

首先，我们要对旁白、对话等最重要的人声部分进行电平的调整。提前设定好声音的电平，然后设定背景音乐和 SE 等的电平。以前在混音时通过操作“推子”来调整声音电平，但近来在音轨的初始阶段，我们就可以通过

通道条类的外挂效果器（详细内容后述），一边缓慢地进行 EQ，一边调整增益，只有在音量出现极端偏差的地方，我们才会通过 clip gain 去调整。

提前让推子保持在 0 刻度，使 VU 表保持在平均 –3VU、最大 0VU 之间摆动的状态。如果没有 VU 表的话，就用峰值表控制在 –10~6dBFS（图 3）。顺便说一下，在后面的流程中，如果使用压缩器等来调整动态范围，则指针的摆动幅度就会变小（动态范围变窄），这样就能更好地调整电平。需要注意的是，如果只是单纯地提高小音量的声音，那么噪声也会随之增大，由于噪声会对音色产生影响，我们需要单独对这个音频块进行降噪或均衡处理，使其与其他部分的音色保持一致。

图 3　电平调整

如果是大音量的声音，在 VU 表上能够瞬间从 –3VU 达到 0VU，将电平保持在这种状态是比较合适的。在电平的调整方法上，不同的音频工程师可能也会采取不同的方法

图 4　零交叉点

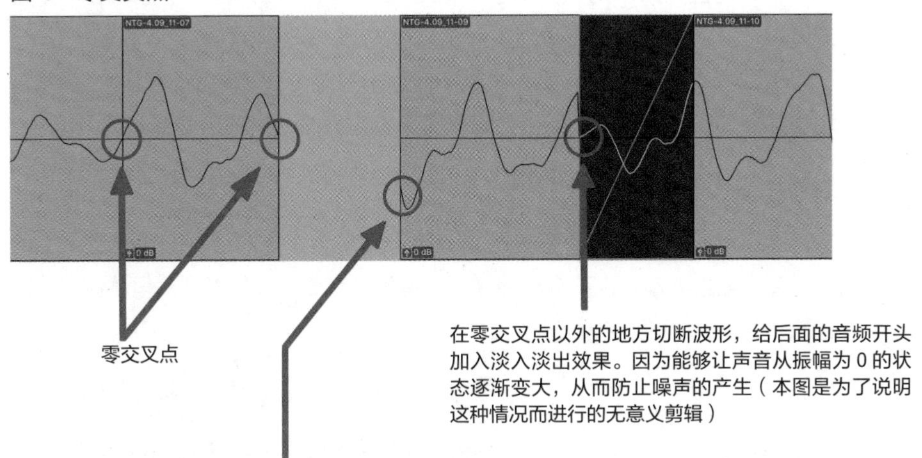

◎音频块前后的淡入淡出效果

在音频块的前后处来处理较小的噪声。如果将波形切成“零交叉点”（图 4），就不会产生噪声。反之，如果波形断裂在离零交叉点比较远的位置，就会产生相应的噪声。因为视频剪辑软件基本上是以帧为单位进行处理的，所以不可能完全在零交叉点处切断波形，并且我们也无法进行如此精细的工作。因此，在音频块的前后处加入淡入淡出效果，以此抑制噪声的产生（图 5）。

另外，即便没有出现噪声，如果声音的加入、消失太过突然，则能通过加入淡入淡出效果来调整。尤其是音频素材中掺杂了过多的背景噪声时，由于淡入淡出效果曲线的形状和长度等会随着声音整体的节奏而发生变化，所以我们需要用耳朵去判断。

图 5　淡入淡出效果处理

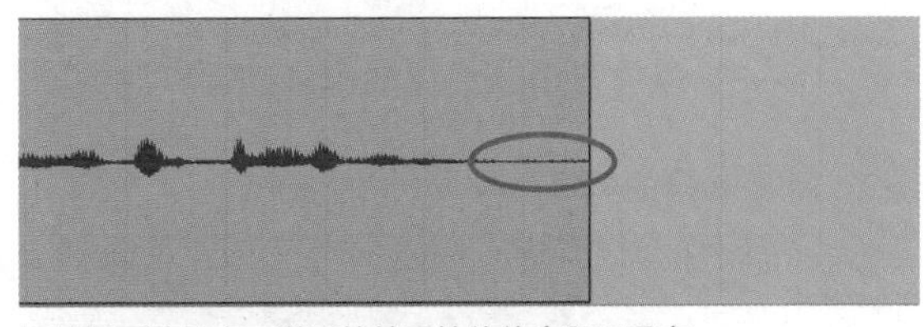

如果是采访录音，说话的结尾处往往会留下噪声

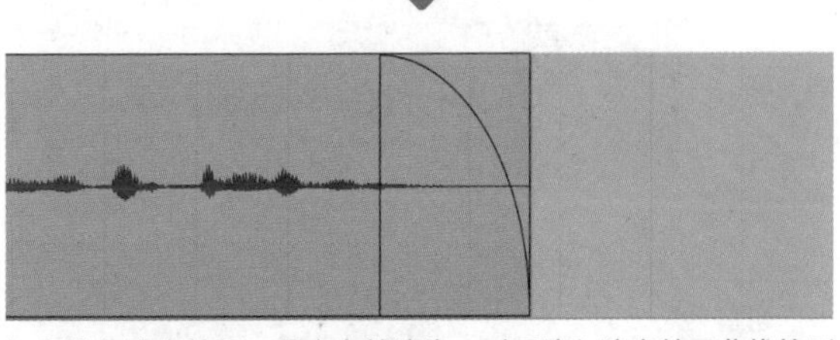

加入淡入淡出效果，噪声自然消失。对于淡入淡出效果曲线的形状和长度都没有特别的规定，通常需要通过自己的耳朵去判断

顺便说一下，如果我们在安静的环境中录制旁白声，即便在无声部分适当切除的话，由于原来的噪声电平比较低，严格来说还可能会出现极小的噪声。不过，如果噪声对听觉没有影响的话，则可以无视这种噪声。如前所述，如果在背景

噪声较大的室外录制对话，对于那些信噪比差（嗡嗡声很多）的录音，则必须要进行淡入淡出效果处理。

在进行上述工作的时候，如果你使用的是高分辨率的监听耳机，就不会忽略掉任何微小的噪声，所以非常推荐大家购入高分辨率监听耳机。

◎交叉淡入淡出效果

这一点和上述的操作基本相同，用零交叉点连接的话，即便不进行交叉淡入淡出效果处理，也不会出现噪声。音乐是有周期性的声音，虽然这样剪辑起来比较容易，但在大多数情况下却是无法这样做的，所以我们通常选择交叉淡入淡出效果处理。关于加入交叉淡入淡出效果的方法，类似于“这时用这种曲线”的规定是没有的，所以每次都需要通过自己的耳朵去听，然后选择最自然的方式（图 6）。在这方面，经验和感觉就变得非常重要，所以请大家不断进行尝试吧。

图 6　BGM 的交叉淡入淡出效果

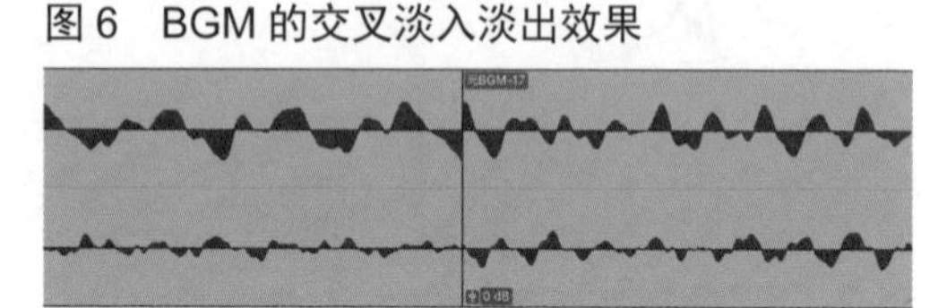

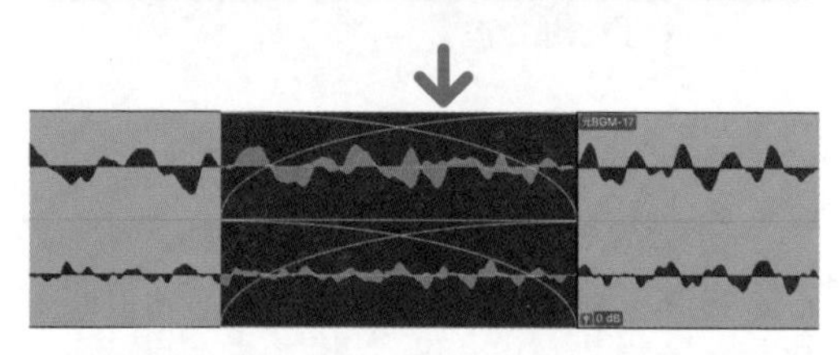

正在剪辑 BGM 的状态。在视频剪辑软件上剪辑音乐，如果以帧为单位进行剪辑，则声音会显得不太连贯，并且剪辑点上也会出现细微的噪声，甚至出现某一瞬间响起两次同样的声音的现象，所以在“拜托了 MA”服务平台上也会对这种情况进行修正

◎处理呼吸噪声、唇齿噪声等噪声

关于呼吸噪声，如果将其全部消除，则反而会让人觉得不自然，消除与否需要根据具体情况来判断。如果听起来很刺耳，一旦消除又变得不自然，我们就需要在呼吸噪声上加入淡入淡出效果，降低这部分的音量，使整体声音变得更加自然流畅（图 7）。当然了，有时候我们还需要强调必要的呼吸噪声来增强演出效果。而唇齿噪声，在大多数情况下都会让声音听起来不舒服，所以我们要尽量消除这种噪声，将其完全切除，或用铅笔工具改写波形，或使用专门针对这种噪声的降噪效果插件进行处理（图 8）。

图 7　呼吸噪声的剪辑

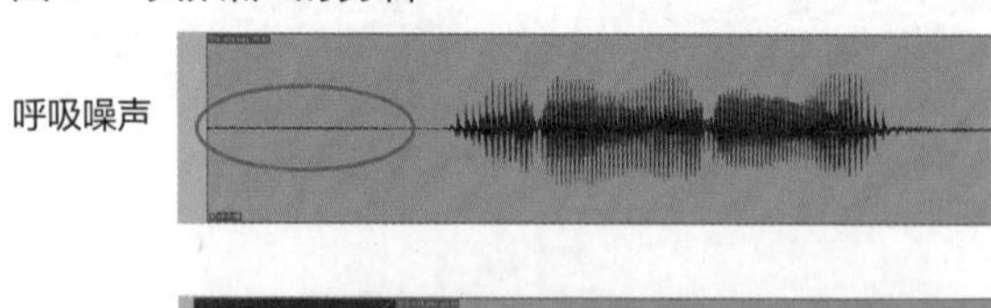

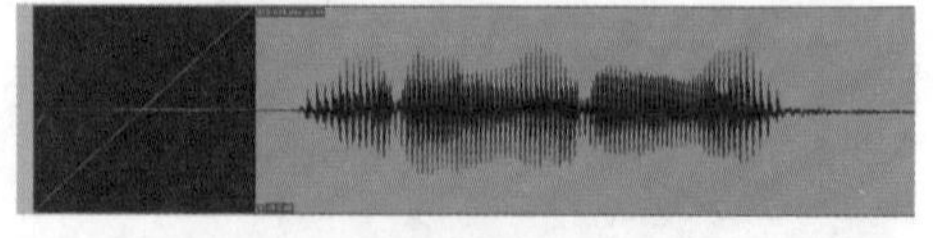

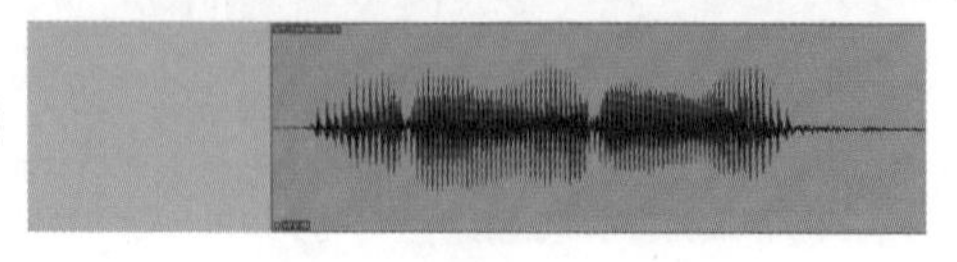

图 8　消除唇齿噪声

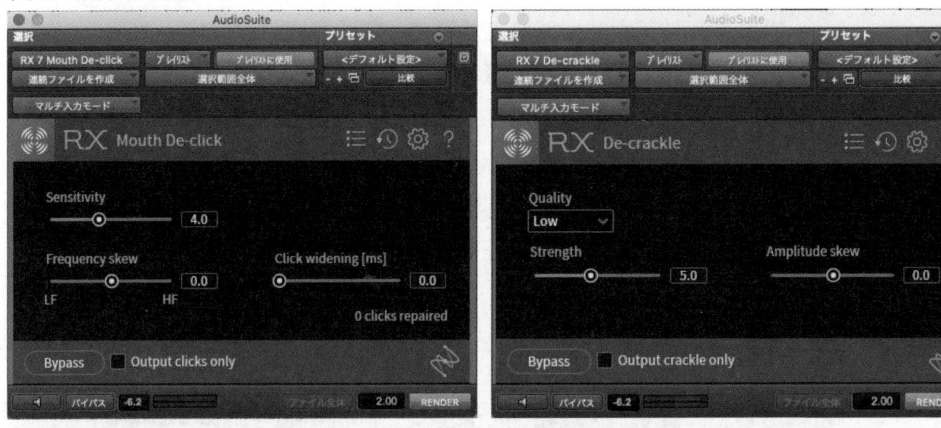

左图是专门针对唇齿噪声的 iZotope RX 7 Mouth De-click。右图是用于消除 crack noise（唱片中的嘶嘶声）的 De-crackle。如果没有 Mouth De-click，也可以用 De-crackle 替代。顺便说一下，虽然这些都可以作为插件使用，但有时候操作起来会出现不稳定的状态，所以我都会在 AudioSuite 中以音频块为单位进行操作

◎处理环境噪声

在室外录音的时候，伴随而来的就是环境噪声，尤其是“轰轰”的低频噪声，多少会掺杂一些。对于这种环境噪声，我们在录音时利用 HPF（高通滤波器）进行切割，如果这样还不行，则利用插件 HPF 进行二次处理（图 9）。具体的频率视情况而定，以 100Hz 左右为目标，一边听一边调整，将声音控制在不会变细的程度。对于高频噪声的操作也是同理，这里利用的是 LPF（低通滤波器），鉴于人耳听到的频率噪声与声音的频宽相关，如果处理过度，则声音可能会变得嘈杂，这一点需要注意。

图 9　HPF

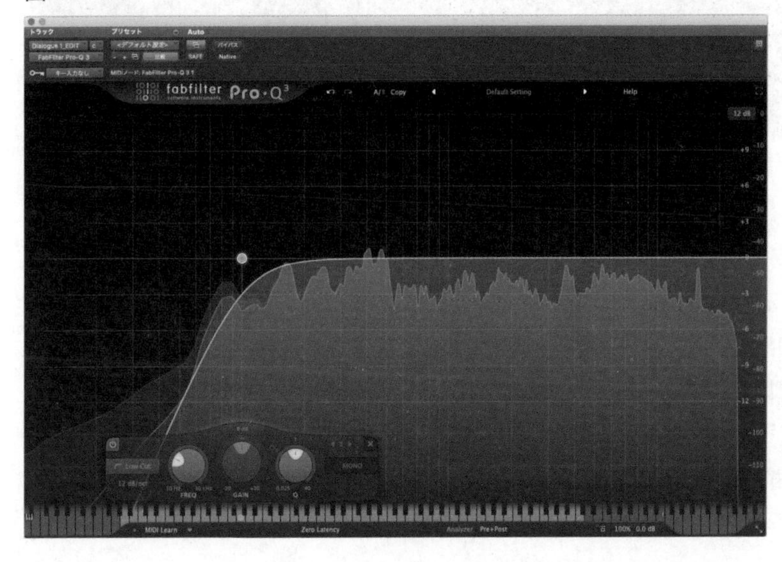

像左图这样的 EQ 大多搭载了 HPF（高通滤波器）、LPF（低通滤波器），所以我们可以使用这些插件，不过我自己主要使用的还是通道条（后面讲）中的 HPF

◎嘶嘶噪声（白噪声）

如果录音时使用的麦克风性能不佳，或因为害怕录音电平太高而将麦克风扩大器的增益音量设置得太低，在 MA 时一旦提高增益音量，声音的信噪比变差，那么嘶嘶噪声就会增多。这种噪声和声音的频宽有关，所以利用降噪效果插件比利用 HPF 更加方便（图 10）。但是，一定要注意不能过度操作！如果使用降噪效果插件，则声音的品质就会变差。如果是带有背景音乐的情况，则背景音乐可能就会盖掉这种噪声，所以要考虑声音整体的平衡，将其控制在最小限度。

图 10　降噪效果插件

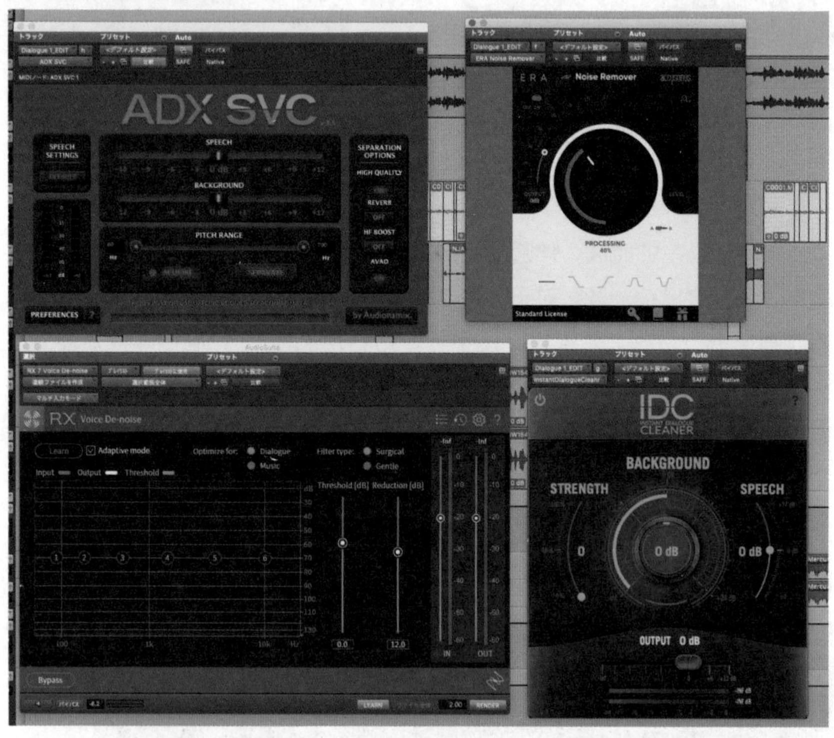

不同的降噪方式，虽然效果是相同的，但是各有优缺点，所以需要根据噪声来区分使用

◎修正语调

有时候我们也会遇到这种情况，出于某种原因，后来想要改变旁白的语调。如果放在以前，只能重新录制，但现在音高修正软件的精确度提高了，所以可以利用音高修正软件（图 11）。在音乐的世界中，音高修正软件通常用于修正主唱的音高，除了十二平均律（也就是哆来咪音阶），还可以用来处理无音阶的音高，非常方便！但是，音高修正软件并不是万能的，有时候也会出现无法应对的情况，在这种情况下就需要重新录制了（苦笑）。

图 11　音高修正软件

音高修正软件 Melodyne。利用这类软件修正语调未必成功，最好将其作为最后选项

以上均是各音轨的准备工作，从下面开始进入音色调整的工作。

◎基本的效果链

效果链指的是按照使用顺序将多个效果器排列。使用的效果器和排列顺序没有规定，不同的工程师会表现出不同的个性。在某种程度上，我也有惯用的效果链，根据想要的声音来添加或削减效果，即便是同样的压缩器，也可以用别的进行替代，随机应变。处理旁白，我所使用的效果链基本如图 12 所示。下面来具体说一下各种效果器的作用。

图 12　效果链

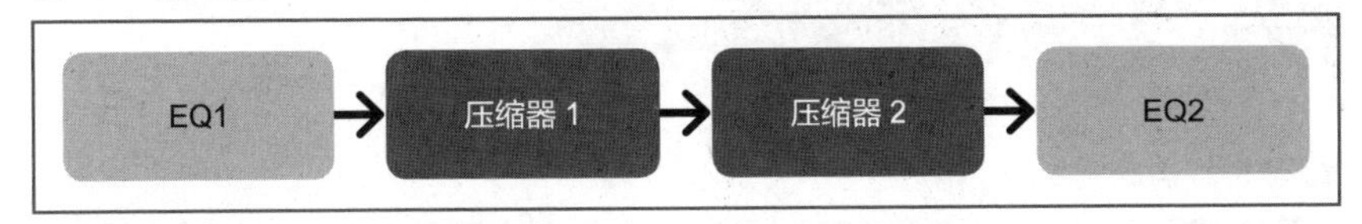

【EQ1】

我在刚开始的时候插入较多的是被称为通道条的复合效果器（图 13）。当然了，也可以单独使用 EQ。首先，利用 HPF 过滤掉不必要的低频声音，大致在 100Hz，然后用耳朵边听边调整。之后再利用 EQ 来调整声音，调整的节点分为 200Hz~600Hz（声音的粗细）、600Hz~3kHz（声音的重心）、3kHz~10kHz（声音的明亮度和空气感）等（图 14）。这样做的目的在于事先调整好音质。如果利用通道条中的 EQ 无法应对，那么就利用更为精密的数字 EQ 或智能自动 EQ 进行校正（图 15）。如果录音效果好，则无须进行这样的操作了。另外，录下来的声音和自己想要追求的声音完全不同的话，那

么就在进行上述操作前插入麦克风模拟器（图16），以此调整声音的个性，有时也会利用通道条去调整。另外，如果通道条上搭载着压缩器的话，则可以利用这个压缩器。我个人一般会使用后述的另外的压缩器。

图 13　通道条

通道条指的是从混合控制台（混音台）的 1ch 中提取出来的硬件或插件。图左侧是 WAVES CLA MixHub，再现了 SSL 的混音台，右侧是 Plugin Alliance Lindell 80channel，再现了 NEVE 的混音台。就我个人而言，因为想要表现出中频声音的纯粹和干净，所以在 MA 中大多使用 SSL

图 14　声音的频率分布

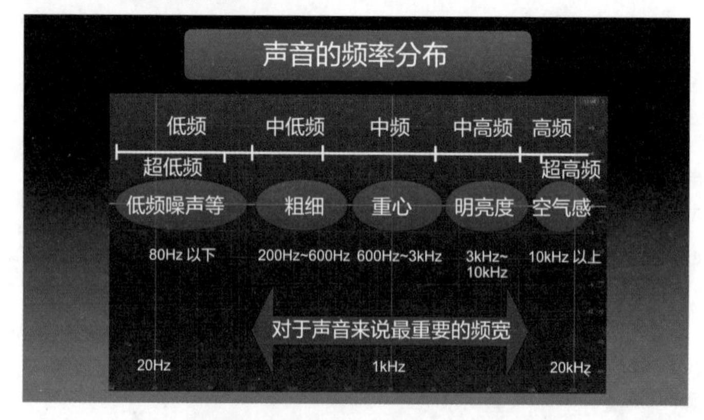

图 15　数字 EQ 和智能自动 EQ

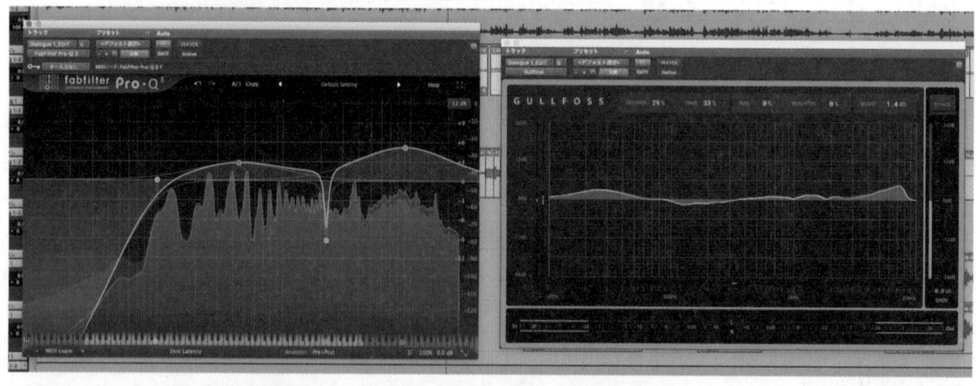

Fabfilter Pro·Q³（左）能做得非常细，可以像手术刀般切断令人讨厌的峰值，非常方便。右边是智能自动 EQ Soundtheory Gullfoss，不是流行的人工智能，而是基于听觉和知觉模型的自动 EQ。如果使用得当，则可以完美再现出状态不好的声音

图 16　麦克风模拟器

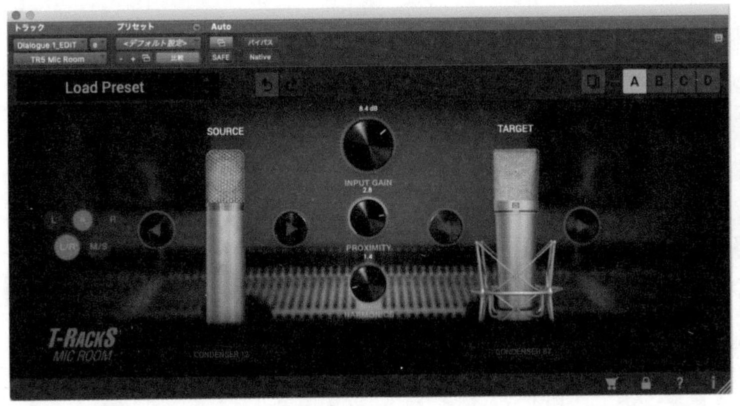

麦克风模拟器 IK Multimedia T-RackS MIC ROOM。图中左侧的麦克风是录音时使用的麦克风，右侧是想要模仿的麦克风。只要选择好这些，就能模拟出录下来的声音。顺便说一下，录音时使用的麦克风几乎没有对应的模型，所以自己选择适合的麦克风即可。重要的是能够变成容易处理的声音就好了

【压缩器 1】

接下来插入压缩器。我经常使用的是光学式压缩器（光电压缩器）（图 17）。光学式压缩器的特点在于放缓声音特性，只要不是太过度使用，就能自然地调整声音的整体状态。当然也可以利用其他种类的压缩器，不过需要将启动时间和释放时间设定得慢一些，这样才能得到类似的效果。这里加入压缩器的意图在于达到声音电平整体的平均化。在商业录音室录制旁白时，我们可以一边进行压缩处理一边录制声音，所以不会出现上述的情况，但如果在“拜托了 MA”、自己家中或办公室的房间、彩排工作室等录制较多时，那么提前准备好这些是非常有必要的。

图 17　光电压缩器

各种光电压缩器。这些光电压缩器大多模仿了 UREI LA-2A 或 LA-3A，其中我最常用的是模仿 LA-3A 的压缩器（左下）。使用真空管的 LA-2A 往往会让声音显得过于个性，而使用了固态电路的 LA-3A 拥有更为清晰的声音，并且启动时间更快，所以能够更好地控制峰值

【压缩器 2】

第二种压缩器是为了抑制在压缩器 1 中被忽略掉的瞬间峰值。这里使用的压缩器是 FFT 压缩器、VCA 压缩器等模拟压缩器（图 18），或数码压缩器（图 19）等反应迅速的压缩器。压缩比通常为 4:1，启动时间和释放时间也设定得比较早，在不自然的部分调整阈值。当音量差过大时，使用音量增益功能，部分降低波形本身的音量来进行动态调整（图 20）。像这样将压缩器分两个阶段进行处理，既避免了声音的不自然，也平均了整体电平（图 21）。另外，如果觉得没有必要，则不要勉强使用压缩器。尤其是专业的解说员，发声比较稳定，大多数情况下只需要进行最小限度的处理就可以。

图 18　模拟压缩器

这类压缩器与光学压缩器相比，反应速度更快，所以经常用来抑制瞬间峰值。不过，左边的 ARTURIA COMP FET-76 模仿的是复古的 UREI 1176，所以在声音上会有点失真，不适合追求出色音质的场合。右边的 WAVES Renaissance Comp 具备干净的音质，所以使用频率很高

图 19　数码压缩器

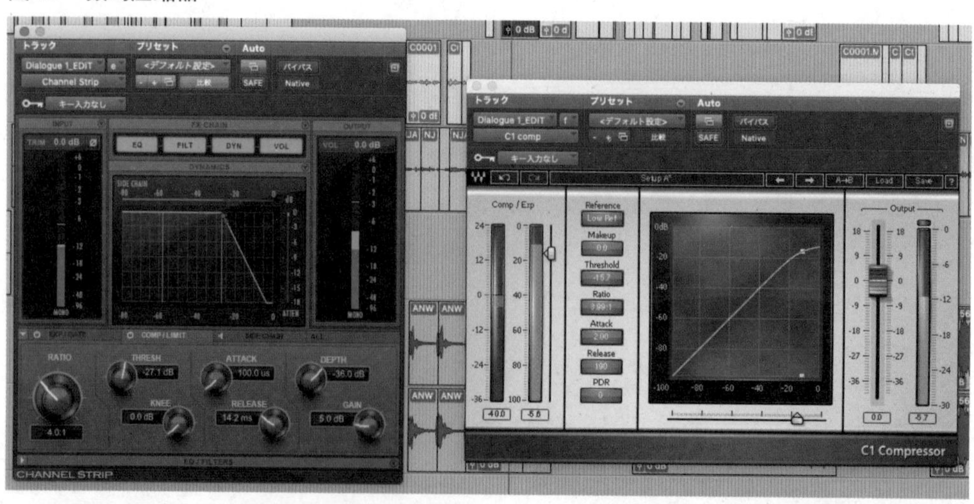

这并不是模仿模拟实机的压缩器，而是数码化的压缩器。我个人使用的机会并不多，因为费用相当昂贵，但如果真的想要抑制瞬间峰值，那么数码压缩器还是非常有用的

图 20　利用音频块增益进行动态调整

对话框里有一处的声音特别大，无论怎样都要在这里加入压缩器……如果是上述这种情况的话，则可以利用音频块增益来抑制这部分的音量，以此来避免过度压缩

图 21　压缩效果

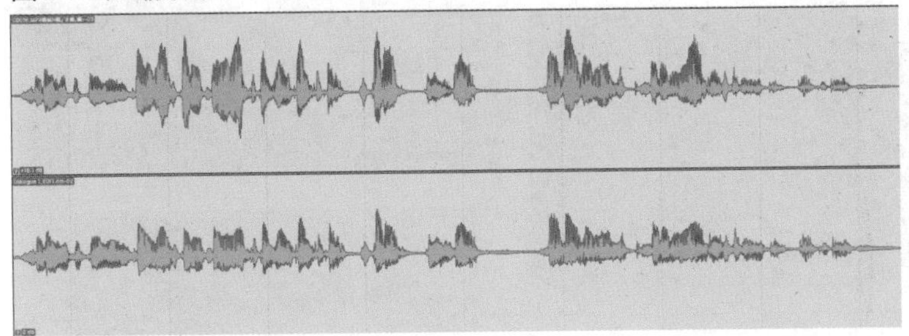

图片上方是压缩前效果，下方是压缩后效果。由于动态范围得到了抑制，所以声音的整体音量变得平均了。如果在此基础上继续压缩，波形就会变得扁平，声音的特征也会随之消失，这一点需要注意

【嘶声消除器】

如果你觉得齿擦音很刺耳，那么就可以使用嘶声消除器（只在高频使用的压缩器）来抑制齿擦音（图 22）。如果觉得没有必要，那么可以选择不使用。

图 22　嘶声消除器

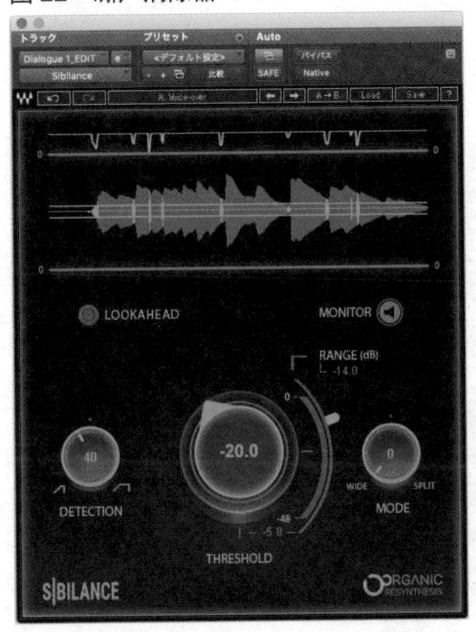

嘶声消除器是专门用于高频声音的压缩器。我爱用的是 WAVES Sibilance

【EQ2】

用 EQ 进行音质的最终调整。如果使用了压缩器，则音质或多或少都会发生变化，使用 EQ 的目的在于对音质进行修正。如果想要进行更为细致的调整，则使用全参数式 EQ。如果想稍微修整，或想凸显声音个性，则用模拟 EQ，它是半参数式的（图 23）。

图 23　EQ2

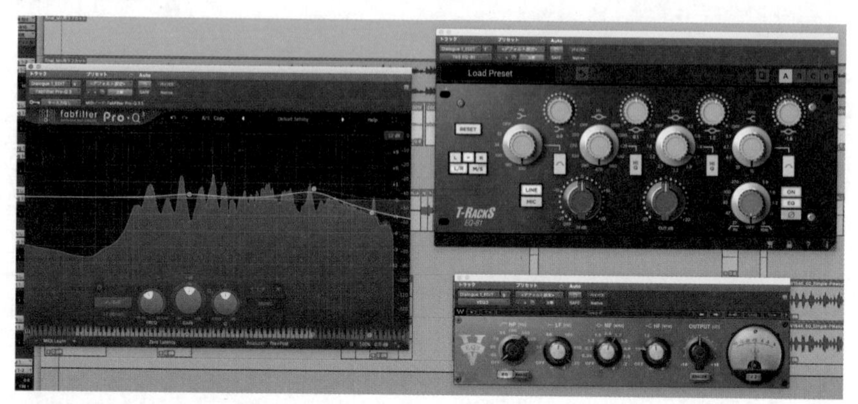

为制造最终音色而使用的 EQ。这里因为 Pro·Q³ 操作起来非常方便，所以出现的次数比较多。使用模拟 EQ 时，只能增加或减少一小部分

对声音的处理过程大致是上述这样的。总之，需要注意避免过度压缩，不要扼杀动态范围。另外，由于 EQ 和压缩器本身都具有特定的音质特征，所以我们在很多时候都是为了追求某种音质特征而选择使用它们。如果录下来的声音拥有比较好的状态，那么我们也可以利用专门用于对话的效果器（图 24）来替代压缩器 1 和压缩器 2。

图 24　对话专用效果器

如果录下来的声音效果不错的话，则可以使用专门用于对话的 McDSP SA-2。在国际上电影制作中经常使用这种效果器，能够制造出厚重纯净的声音

图 25　智能 EQ

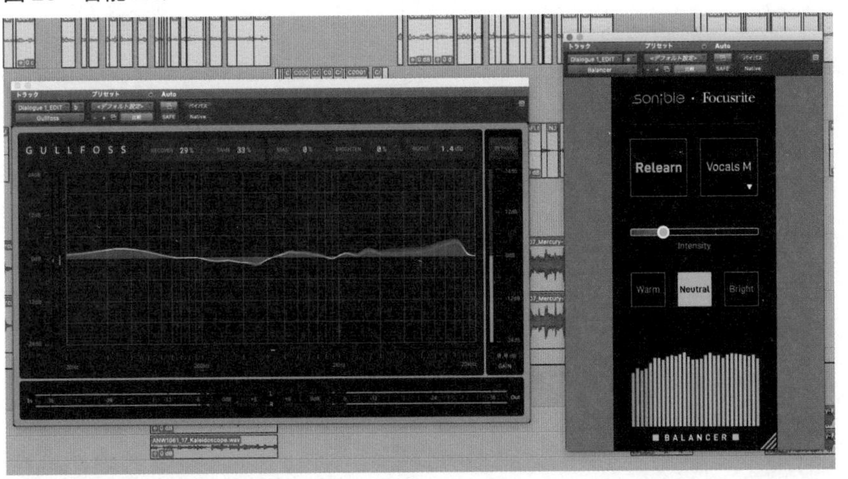

在制作声音时，智能 EQ 在最终调整中使用的频率也增加了。由于右边的 Balancer 与左边的 Gullfoss 在最终效果的呈现上不同，所以要根据具体情况来使用

另外，我最近在声音护理方面也经常使用 Soundtheory Gullfoss 和 Sonible Focusrite Balancer 这些智能 EQ（图 25）。比起使用普通的 EQ，使用智能 EQ 工作时间更短，如果使用得当，则能得到非常不错的效果。最终使用什么、怎么使用都取决于音频素材，所以平时要注意研究每种效果器的个性，做到因材施用。总之，如果加入无意义的效果器，则声音就会变得越来越差，导致最后全部推翻重来……因为这种事情时常发生，所以带着明确的意图进行效果处理是非常重要的。

专栏

“插入”与“发送”

“插入”与“发送”是施加效果时的基本事项，这里我来谈一谈它们。前者用于直接插入音轨、想要将声音加工成别的状态的时候，EQ 和压缩器基本都是这种情况，而后者则是从音轨中分离出声音，对所分离出来的声音进行效果处理（湿声，经过某些效果处理后的声音），然后再去和元音（干声，没有经过任何效果处理的声音）混合，所以后者用于想要保留原来的声音、独立进行效果处理的时候。在模拟混音时代，由于硬件数量有限，它们在大多数情况下用于混音和延迟；而在数字时代，无论什么时候都可以使用。我的区分方法是，想要把声音变成原本的状态，这时就用“插入”；想要和其他音轨共享混响，表现出统一感，这时用“发送”，大致上是这种感觉。

◎混响、延迟等表现效果

这些是附加回音和回响的效果器（图 26、27）。根据目标作品，我们有时候会在标题或对话框的部分添加这些效果器，以此让声音听起来更加华丽。在大多数情况下都是通过辅助发送推子进行传送处理的（图 28）。这个时候，为了只给必要的话语加上回音，我一般会使用自动辅助发送（图 29）。

另外，为了配合声音的空间界限，有时候也会使用混响。具体来说，当我们在活动现场等有回音的空间进行采访录制的时候，部分采访的录音必须要用后期声音去替代。在这种情况下，直接在后期声音的音轨中插入混响，然后将混响剪辑成与原来活动现场类似的声音。因为想要模拟出“原本录下来的声音是这样的”感觉，所以在效果链的初始阶段插入混响，会取得更好的效果。

◎调整旁白的音像和空气感

录制旁白受制于使用的麦克风和环境，有时候会出现声音很小、存在感薄弱或声音太过死板（完全没有回音）、听起来非常奇怪的状况。这时候我有个常用的办法。

图 26　混响

我爱用的部分混响，每种混响的个性各有不同。各种各样的混响，对声音制作非常有帮助

图 27　延迟

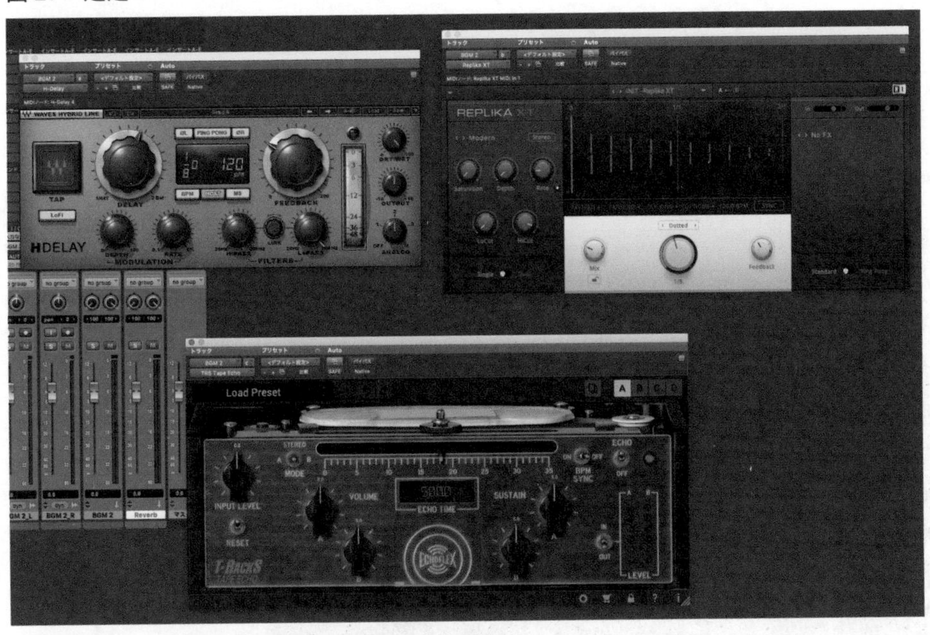

这些都是延迟。说老实话，在我的工作中几乎没有出现过

图 28　辅助发送混响

制作 AUX 总线，命名为“Reverb（右起第 2 个音轨）”，然后插入混响插件，利用对话的 AUX 辅助发送的推子处理

图 29　自动辅助发送

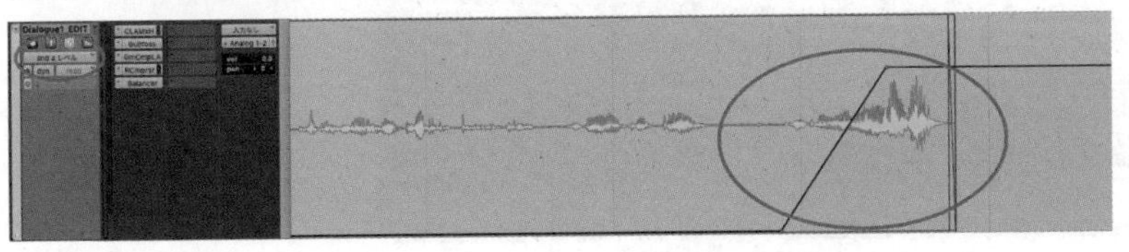

将音轨表示为“send level”，然后自动辅助发送。这里我尝试着慢慢发送

首先，当你觉得声音听起来很小的时候，可以利用将单声道模拟为立体声的插件，对声音进行操作。我经常使用的是 iZotope 的 Ozone Imager 2（图 30）。用它稍稍放大声音，声音就会变大，存在感和流畅度都会变好。

图 30　Ozone Imager 2

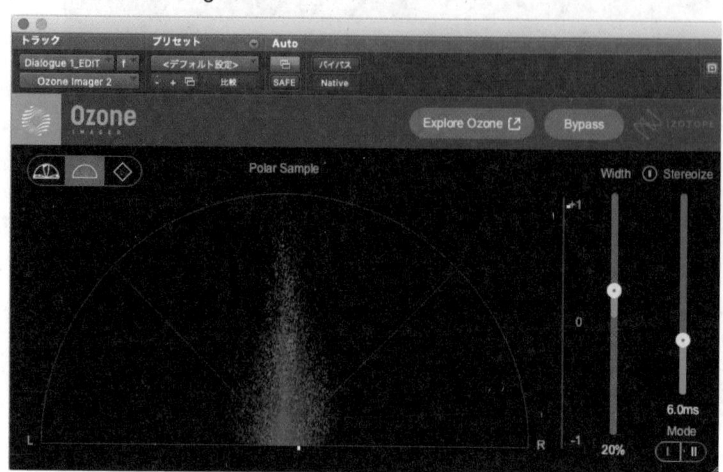

处理单声道音源时，就将最右侧的“Stereoize”设为 ON，然后往上推左侧的“Width”滑块，声音就会逐渐向左右扩散。Ozone Imager 2 是免费的插件，推荐大家一定要入手

声音太过死板……当你处在狭小的空间，四周被吸音材料所包围时，录下来的声音往往会给人这样的感觉。有些人认为这样很好，但我个人觉得没有空气感的声音很不自然，所以当我接收到这种素材的时候，首先会加入混响，然后将其努力调整为我所熟悉的旁白状态。虽然插入哪种混响都可以（图 31），但还是要以 Room 系列的预设为基础，将房间设置得小点，感觉就像是稍稍加了点混响。关键在于设定得就像没有加入混响一样！这样一来，我们就能给声音增加自然的空气感。

图 31　MPX-i

使用哪种混响都是可以的，我最喜欢使用的是捆绑在某个软件里的 Lexicon 的 MPX-i。虽然无法进行精细的剪辑，但是“VOICEOVER BOOTH 1”的预设非常强大，只需要调整 Mix 量就可以

2-4-2 环境音的调音

在拍摄现场，对一同录制下来的环境音，我们不需要过度操作。常用的处理方式有以下两种。

◎调音

如果 80Hz 以下的超低频声音过多，则可以通过 HPF（高通滤波器）进行抑制。可一旦抑制过度，声音又会变轻，所以必须通过能够确认低频声音的监听音箱或监听耳机处理。

如果有风吹入麦克风，则会出现“噗噗噗”的噪声，我们同样可以利用 HPF 处理这种噪声。如果出现在中频附近，则让噪声保留下来，不要消除它。因为声音的频宽中也有噪声，一旦勉强消除的话，声音质感会变得非常奇怪。如果不消除噪声，则声音又很难听清。在这种情况下，有时我会通过 iZotope RX7 进行部分消除。另外，虽然可以使用 RX7 消除掉不必要的声音，可要想做到全部消除的话，就会耗费大量的时间，所以我们只需将精力投入到那些必须消除的噪声中（图 1）。

图 1　iZotope RX7 的噪声处理

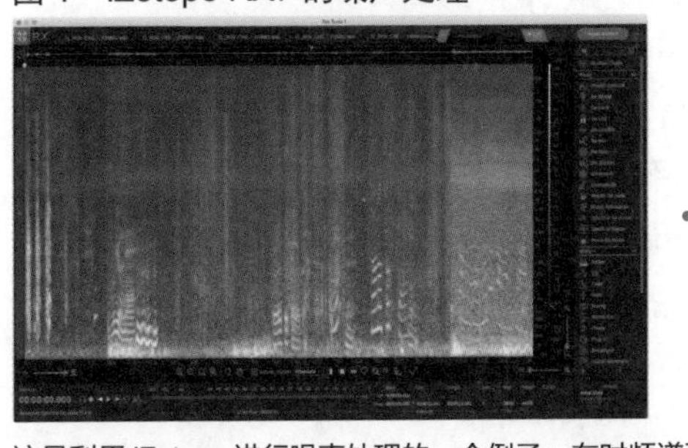

这是利用 iZotope 进行噪声处理的一个例子。在时频谱画面中（橙色区域），越明亮的部分表示声音越大，由图可以看出整体上噪声消失了，低频的呼吸噪声也明显降低了。画面中央还残留着横向移动的带状噪声，不过这个清除起来并不困难。在时频谱的两侧，有些区域的声音成分发生了急剧变化，这是因为前后被削减的声音显示了出来。我们要习惯这种处理方式，因为这在 MA 中已经变得越来越普遍了

◎立体声化

从我的经验来看，环境音大多是以单声道形式录制下来的。在传统的 MA 工作中，虽然可以直接进行调音，但在很多情况下我会对环境音进行模拟立体声处理。因为立体声能够赋予声音临场感，让声音层次更加丰富，同时为对话腾出了空间。对话基本上都是作为单声道声音处理的，如果加上频率更为广阔的单声道环境音，那么对话的声音就会被覆盖掉，从而变得难以听

清，这种情况并不少见。为了避免这种情况发生，有时不得不降低环境音的电平。可是这样一来，表现情景的声音信息就会相应减少。所以，我想到了模拟立体声化的方法。

模拟立体声化需要用到在旁白的音像操作中介绍过的 Ozone Imager 2。至于要扩展到什么程度，需要边听边调整，每次都是不一样的，切记不可过度扩展。毕竟是模拟意义上的扩展，一旦扩展过度，声音的相位感就会变得不自然。所以，模拟立体声化的诀窍在于找到既能自然扩展，又不会影响对话的关键点。

话虽如此，我认为从一开始就用立体声录音，才能得到更好的录音效果。有时候会有相熟的导演在拍摄前向我寻求声音方面的建议，这时我就会说：“如果现场操作允许，则环境音就用立体声吧！”

2-4-3 BGM 的调音

关于 BGM（背景音乐），在很多情况下基本是不需要过多调整的，不过以下情况除外。

◎被低频声音支配的音乐

对于电子音乐来说，低频声音的表现方式和质感是非常重要的。因此，肯定会强调超低频至低频段的声音，但是将电子音乐作为 BGM 来考虑的时候，低频声音反而会成为阻碍。另外，在原声音乐中，低音提琴（如木贝斯）的低频部分存在感很强，即便调低了音量，也还是非常突出的。这时候就要利用 HPF 小心处理，既不能破坏音乐的氛围，又不能影响其作为 BGM 的功能。

◎高频声音过于突出的音乐

与前述的低频声音相反，如果音乐中的高频部分太过突出，与对话、环境音等不协调的话，整体上就会让人感觉十分突兀，即便调低了音量，也还是会影响到对话部分。对于这样的音乐，我们利用 LPF 对高频声音进行抑制。当然，具体情况需要具体分析，记住边用耳朵确认边处理。不过，处理高频声音的情况还是相当罕见的。

◎混入噪声或利用噪声音色的音乐

虽然这种情况并不多，有时我们还是会遇到这类不经意混入“微小”噪声的音乐。一般来说，市场上销售的音乐作品中是不会发生这种情况的，但是利用音乐网站里的投稿音乐时，偶尔会遇到这种情况。对此，我们利用 iZotope RX 7 等音频处理软件进行消除处理。

另外，如果有意识地将掺杂噪声的音色或失真的音色与对话合并到一起时，则某个瞬间的声音听起来可能会非常不自然。这种情况还是相当多的，对此我们只需要处理那个瞬间的噪声。因为最重要的还是“声音”。我也是做音乐的人，虽然能够理解使用那种音色的用途，但还是要狠下心来处理。

◎营造符合视频内容的声音质感

如果视频呈现给人的印象非常明确，这时我们需要对音乐的质感进行加工。举个实例，在给毛巾公司的广告视频进行声音后期处理时，虽然音乐的氛围感不错，但是声音太过清晰，给人的感觉有点冷，所以需要利用模拟磁带的仿真插件（图 1），营造出更温暖的感觉。相反，如果是以冰雪等为题材的作品，我就会要求音质尽量清晰，也就是不要添加任何渲染效果。在我看来，观察包含视频在内的整体平衡，然后进行自然处理才是关键。有时候我也会利用 2MIX 的 Total EQ 来处理。

像上述这样的 BGM 处理方式，仅限于著作权清晰的音乐作品。想要使用原盘歌曲时，无论如何都要去询问相关权利人，这一点要注意。

图 1　磁带模拟插件

我爱用的磁带模拟插件。声音只要通过这个插件就会发生改变，所以要记住不同的变化方式，在关键的场景使用。不过，很多时候也会出现嘶嘶的噪声，所以一定要边调噪声参数边使用

专栏

理解“压缩器”与“限制器”

让我们再来深入研究一下压缩器和限制器吧。

首先，压缩器 / 限制器都是用来调整声音动态范围（音量大小的变化幅度）的，在结构上基本是相同的。通过击溃声音波形的凸起部分，或是提高击溃处的音量，减少音量差，将声音调整成容易听清的状态（图2）。从特性上来看，压缩器是“根据情况（压缩率低的时候）可以适当调整”的，而限制器则是“适当调整远远不够，无论对谁都要全力（高压缩率）反击！”。从基本职责来看，如果压缩器是堡垒，那么限制器就是堡垒的墙，类似于最终防线吧。接下来让我们看看操作中所需的参数。

O Threshold（阈值）

分界线的音量设定。

O Ratio（压缩比）

对超过阈值的音频进行压缩的比率（图3）。“2:1”代表压缩一半，而“4:1”代表压缩到 1/4。大部分的限制器都没有压缩比，可以将“压缩比为 20:1~ ∞ 的高压缩率的压缩器”视为限制器。

O Attack（启动时间）

压缩器启动时的反应速度。如果反应速度快，则在音量超过阈值的瞬间就能迅速进行压缩；如果反应速度慢，则在声音通过后才会开始压缩。

O Release（释放时间）

从压缩状态中抽离出来的回落速度。如果释放速度快，则能迅速恢复到未压缩电平，为下一次压缩做准备；如果释放速度慢的话，则会缓缓恢复到未压缩电平；如果释放速度极慢，则会一直处于压缩状态。

我们会搭配使用这些设定来制作音频。但对于初学者来说，启动时间 / 释放时间的设定是非常复杂的，即便是专业人士，掌握好这两项操作也并不简单。由于每个人喜欢的设定标准都是不一样的，所以最开始的时候可以先选择预设状态。

另外，根据所使用的零件以及工作原

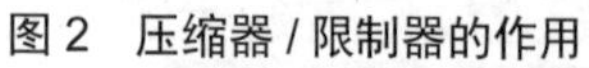
图 2　压缩器 / 限制器的作用

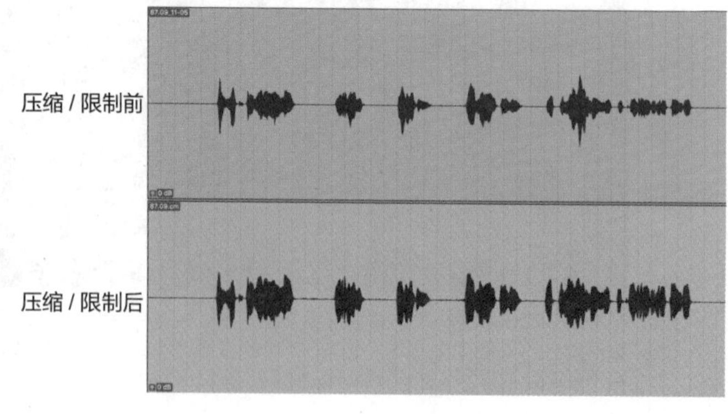

如图所示，压缩 / 限制波形大的部分，抬高波形小的部分，让整体更加均衡。音量上的变化少了，声音听起来更加稳定、清晰。这就是压缩器 / 限制器的作用

理，压缩器 / 限制器可以分为光学式、FET 型、VCA 型等类，各种类型的工作特征都是不一样的。关于插件类的压缩器 / 限制器，分为模仿上述各类型的模拟系统和通过计算进行压缩的数字系统两类，在使用便利性及工作性能上也存在着差异。

那么，接下来我想集中介绍一下限制器。之前我们已经对真实峰值（TP）进行了解说，下面就让我们结合时代背景用讲故事的形式来介绍限制器吧。

“还在模拟时代的时候，限制器的主要职责是避免录音或广播放送时音量突然超出电平的最终防线。虽说这个时期的限制器比压缩器的压缩程度还要厉害，但也不能说是完美的，基本上音量超过阈值后要过段时间才会做出反应。但是，对于模拟声音来说，即便机器的电平表上超过了 0，也不会立刻发生破音，所以只要留出一定的富余时间（余量）就不会有什么问题。不过，进入数字时代之后，0dBFS 这个明确的天花板出现了，一旦超过这个天花板，声音就会出现破裂……数字时代就是这样的，需要有死守天花板的限制器。因此，数字化的限制器掌握了一种叫作‘预判’的特殊能力！通过预判需要处理的声音的动向，然后采取切实的应对措施，声压也变得异常强大。对，这是声压战争的爆发。其中，我们从以 CD 为主的时代过渡到了以 MP3 和 AAC 等压缩音源为主的时代，限制器接到了‘如果压缩成 MP3 的话，声音肯定就会破裂’的通知……‘笨蛋！我的预判是最完美的！为什么？’一个黑色的影子对着处于苦恼中的限制器先生说道，‘哼，你老是一副快到极限的状态，我

图 3　压缩器的概念图

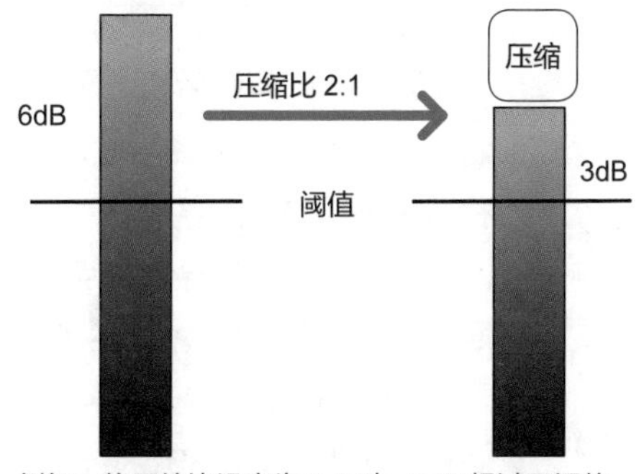

例如，将压缩比设定为 2:1 时，6dB 超过了阈值，超过阈值的部分就会被压缩，最后变成 3dB。反过来说，如果是 3dB 的话，则会直接通过。如果是限制器的话，则压缩比变成了无限大，所以对声音进行处理时尽量不要超过阈值

才能毫不费力地钻你的空子哦。’这个黑影的真实面目正是 TP。‘不管怎么预判，如果无法用眼睛去追踪，则都是应对不来的！’也就是说，由于时间上的分辨率不足，存在着无法分辨的峰值。于是，限制器先生进行了修行，掌握了新的必杀技。‘超取样率 4 倍！’将时间分辨率提高了 4 倍，强化了动态视力的限制器终于可以轻松抑制 TP 了。可喜可贺。”

这个故事有些奇怪，不好意思。我在前面说到的虽然是音乐界的事情，但在现代社会的 MA 工作中也是相同的。为了能够在压缩 TP 的同时调整响度，需要灵活利用带有上述功能的数字限制器（最大化效果器）。

即便是专业人士，也很难使用好压缩器 / 限制器的效果。因为不同机型的操作差异、用耳朵去判断结果的好坏，这一切都需要积累经验。尤其是初学者常常把握不好尺度。“设定成这个就可以！”世界上并没有这样的设定，亲自尝试各种各样的设定并记住才是最快捷的方法！

2-4-4 通过 iZotope 产品提高音频处理效率

在音乐界和声音后期制作领域，iZotope 旗下的产品一直都被广泛使用。说起来，我自己也曾经用过该公司的好几种产品，可以说 iZotope 逐渐成了对我来说不可或缺的存在。

该公司的产品的最大特点就是基于 AI 的助手功能。不管是哪一款产品，只要让 AI 听到声音，就能给出最合适的处理建议。之所以这里特意说是“建议”，是因为这个功能无法将音频处理得完美无瑕。说到底，最终还是要交由人决定。虽说是 AI，但很多结果并不能尽如人意，所以这时就需要我们自己进行微调。不过，有时候 AI 给出的处理方式也能让我们发出“哦，原来是这样啊”的感叹，通过它还是能学到不少东西的。这就像在现场有优秀的助手为我们做准备一样，AI 也能和我们共同作业。

顺便提一下，该公司的产品分为“Advanced”“Standard”“Elements”三个等级，能够使用的功能是不一样的。考虑到便利性和性价比，下面主要介绍一下 Elements 版。

◎ RX 7 Standard（图 1）

在声音后期制作中，最活跃的是 RX 7 Standard，也就是我们所说的音频修复软件。别说普通的噪声，就连应急车辆的警笛声、手机的铃声、鸟儿的叫声等，都可以借助频谱编辑进行视觉上的特殊设定，只对这些声音进行精准消除。其他类似消除衣服摩擦声和唇齿噪声、修复破音等，也有针对这些情况进行特别处理的单项模块，这些模块的数量因产品等级而定（将 Standard 版升级到 Elements 版，这些模块的数量不会发生变化）。AI 助手功能可以为我们将这些模块组合起来再去进行处理。Pro Tools 和 DaVinci Resolve 等作为外部编辑器，也可以与之进行高度的协作，非常方便！总之，拥有 RX 7 Standard 真好！ RX 7 Standard 是声音后期制作的必备软件。

◎ Ozone 9 Elements（图 2）

Ozone 9 Elements 是用于母带制作的产品。母带，简单来说，就是音乐的完成品，和 MA 工作的最终成品有共通之处，所以非常有用。Elements 版只有 EQ、立体声声像器、最大化效果器可以进行操作。如果使用 AI 助手功能，则这些组件就会配合“CD”“Streaming”等目标媒体进行自动处理。这个还是相当厉害的！可以让声音变得更加清晰。特别是最大化效果器，用来调整响度非常方便！也可以压缩真实峰值，设定目标响度，重新播放全部

图 1　RX7 Standard

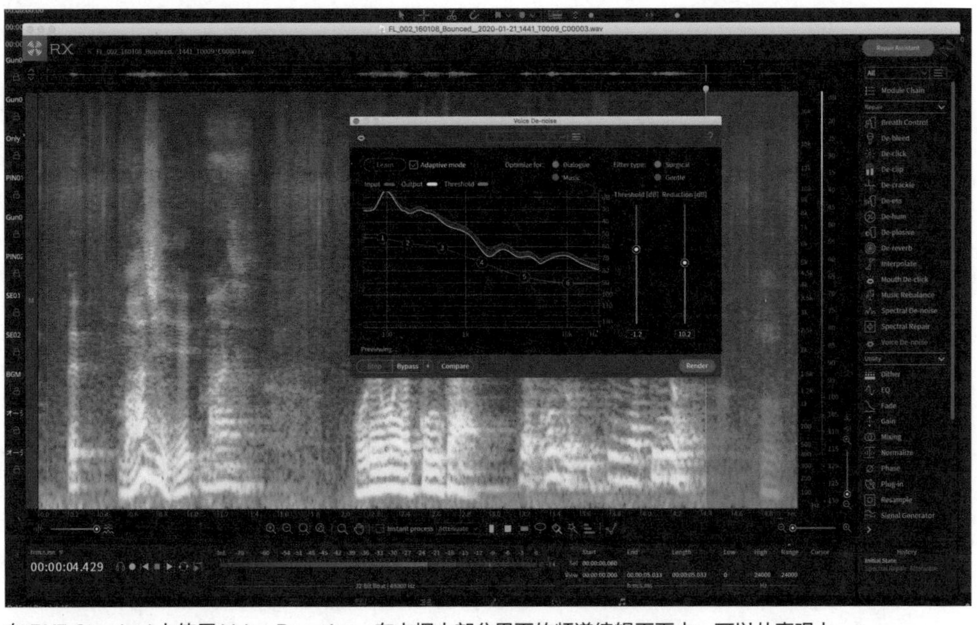

在 RX7 Standard 上使用 Voice De-noise。在占据大部分界面的频谱编辑页面中，可以从直观上识别和消除不需要的声音

图 2　Ozone 9 Elements

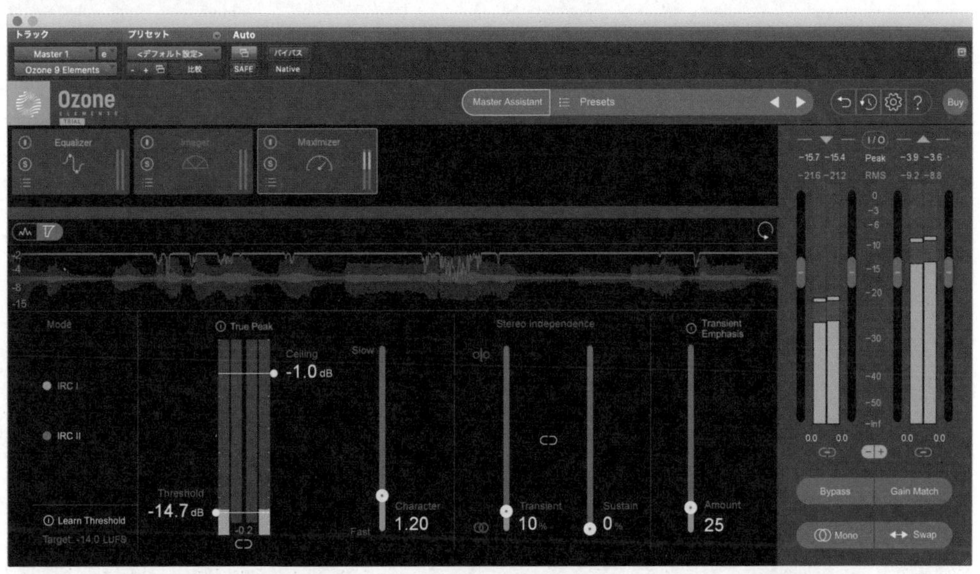

Ozone 9 Elements 的最大化效果器界面。通过 AI 助手选择“Streaming”，就会使得 TP 控制在 –1.0dB。另外，只要在界面左下角的“Target”输入任意数值（例如：–14LUFS），打开“Learn Threshold”重新播放整个视频，最大化效果器会为我们选定最合适的阈值

时间线，自动调整阈值。所以，Ozone 9 Elements 可以大大缩短我们的工作时间，十分有用。

◎ Neutron 3 Elements（图 3）

这是用于混音的复合效果器，可在各音轨上启动使用。AI 助手可以自动判别人声或乐器声等不同声音的特性，进行 EQ 和压缩等初学者不太擅长的音频处理。高级版自然是功能最多的，不过想要进行 MA 的话，Elements 版就足够了。因为从某种程度上来说，EQ 和压缩都是自动进行的！但是，关于对话，从我个人的喜好来看，AI 助手的建议往往不太合适。从丰富的对话框预设中去选择，可能会得到更好的完成效果。

◎ Nectar 3 Elements

这是专门用来处理音频的产品。高级版只有“Nectar 3”和“Nectar 3 Elements”这两种。前者虽然具备非常多的高级功能，但我认为对于 MA 来说 Elements 版就足够了。我没有购入这款产品，所以在这次介绍的时候试着

图 3　Neutron 3 Elements

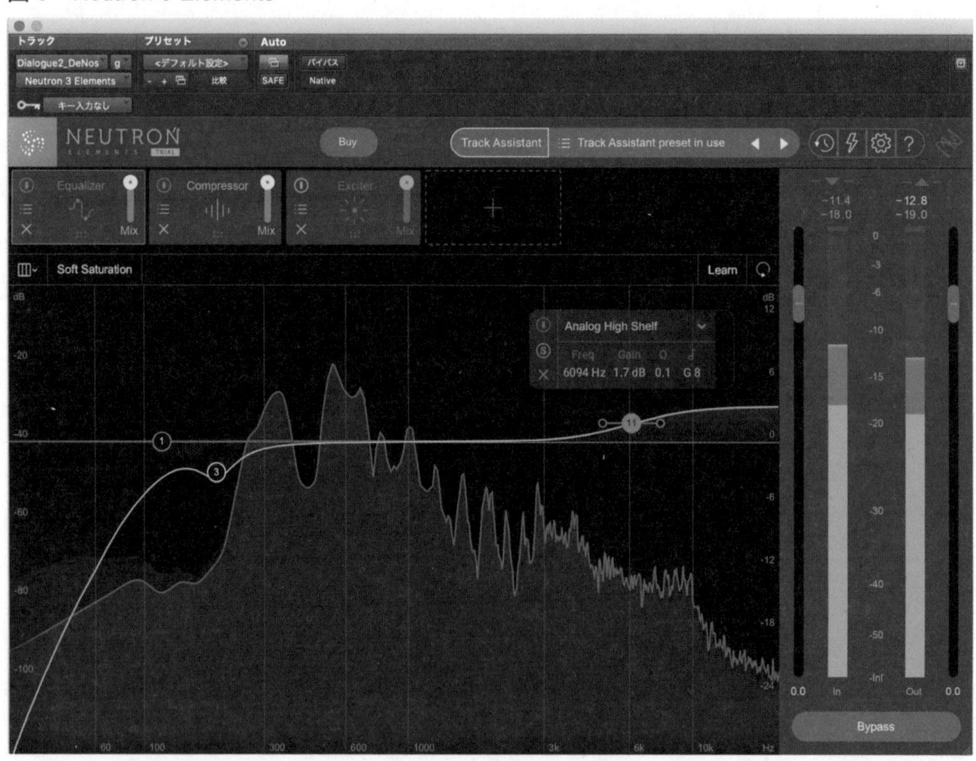

Neutron 3 Elements 除了有 AI 助手功能，还具备丰富的对话框预设功能，但是大部分的预设功能都是针对乐器的，所以这款产品给人的感觉更适合音乐

使用了一下，操作起来非常简单，很推荐！没有一般的 EQ 和压缩画面，基本上都是使用 AI 助手的工作流程（图 4、图 5），从一开始就感觉最终效果会很不错。如果想要声音更加清透的话，则稍稍提高“Tone”这个滑块，就能得到想要的声音了！

只有 RX 7 在 Elements 版或 Standard 版都可以运行，其他的在 Elements 版只能作为插件运行，例如 AAX、VST、AU 等。但是，大部分的剪辑软件都支持这些插件，应该不会有问题。Elements 版的市场价格大概是 12800 日元（不含税）。因为有捆绑产品，促销活动也很频繁，感兴趣的朋友可以去品牌官网看一看。我想这些产品一定能够成为大家强有力的伙伴。因为有 10 天内可以使用全部功能的 Demo 版，所以先尝试一下吧！

图 4　Nectar 3 Elements_Assistant

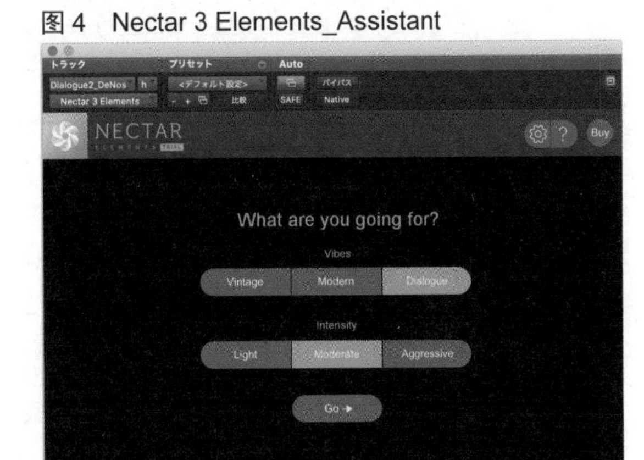

将 Nectar 3 Elements 作为插件打开后，会突然弹出 AI 助手的界面，根据自己的目的选择相应的项目，然后自动播放声音，或自动生成声音。如果进行 MA，那么选择从“Dialogue（对话）”到“Moderate”或“Light”，就能顺利往下推进操作了

图 5　Nectar 3 Elements

如图所见，参数很简单，只有 6 个滑块。放大正在使用的音乐的印象是我自己的隐秘绝招，竟然被“Space”这个滑块轻松实现了，总觉得不甘心啊

2-4-5 利用 iZotope RX 7 对采访录音进行调音

这里我们详细介绍一下 iZotope RX 7 的具体功能。RX 7 是一款拥有强大功能的音频修复软件。在 MA 工作中，出现频率最多的就是室外的采访声音。接下来我们针对这一点进行解说。

◎处理背景噪声

在大多数情况下，采访都是在喧闹的场所进行的。如果想要减少背景噪声，则很多时候需要使用强有力的降噪器。根据使用目的的不同，我会分别使用 3~4 种降噪器，RX 7 的 Voice De-noise 就是其中之一（图 1）。有趣的是，噪声降低后声音变得清晰了，但是千万注意不要做过头！无论使用了性能多么出色的产品，都无法避免音质劣化，所以请将声音尽量保持在自然状态。另外，背景噪声过少，临场感就会消失，使用时要注意声音的呈现效果。

图 1　Voice De-noise

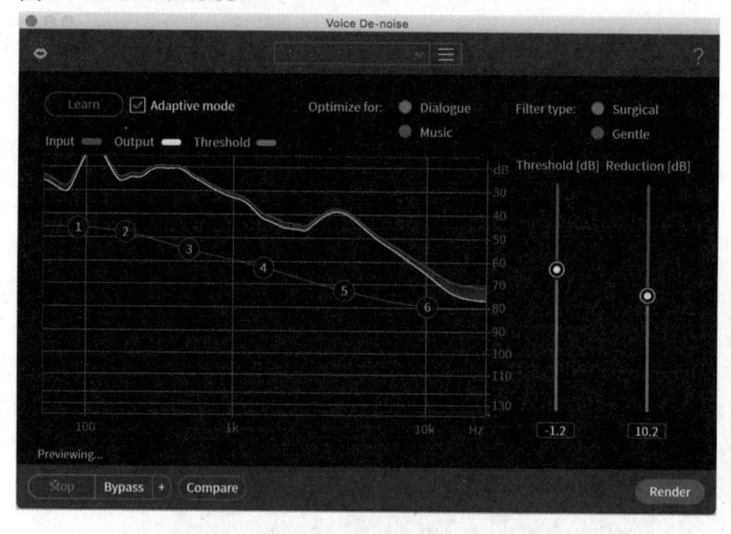

我们可以一边预览一边调节“Reduction”滑块，关键在于找到声音质感和背景噪声的折中点。像“嘶——”“呜——”这类噪声几乎都可以通过 Voice De-noise 来消除

◎处理单一的 & 持续的噪声

即便有时背景噪声比较少，不过偶尔还是会掺杂单一的噪声，例如应急车辆的警笛声、手机的铃声、“嘎吱嘎吱”的室内踩踏声等。另外，不少机器还会持续发出“滴滴”的高频声和“卟卟”的低频噪声。如果是摄影师独自操作，由于其视线一直集中在画面上，在现场则很难注意到这些噪声。处理这些噪声是 RX 7 的拿手好戏（图 2）。使用频谱编辑功能，可以直观地识

图 2　锁定噪声

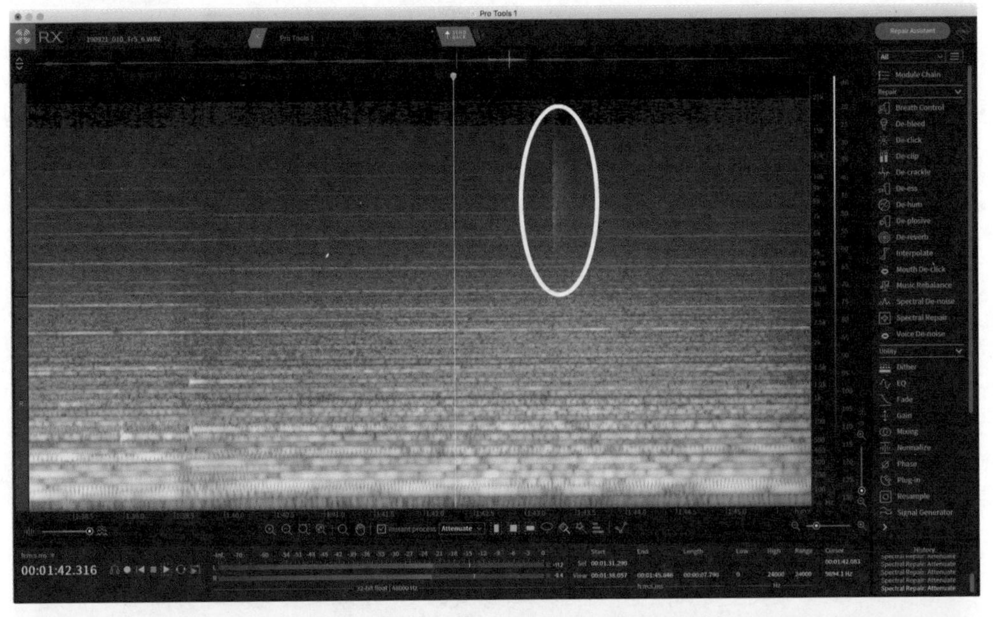

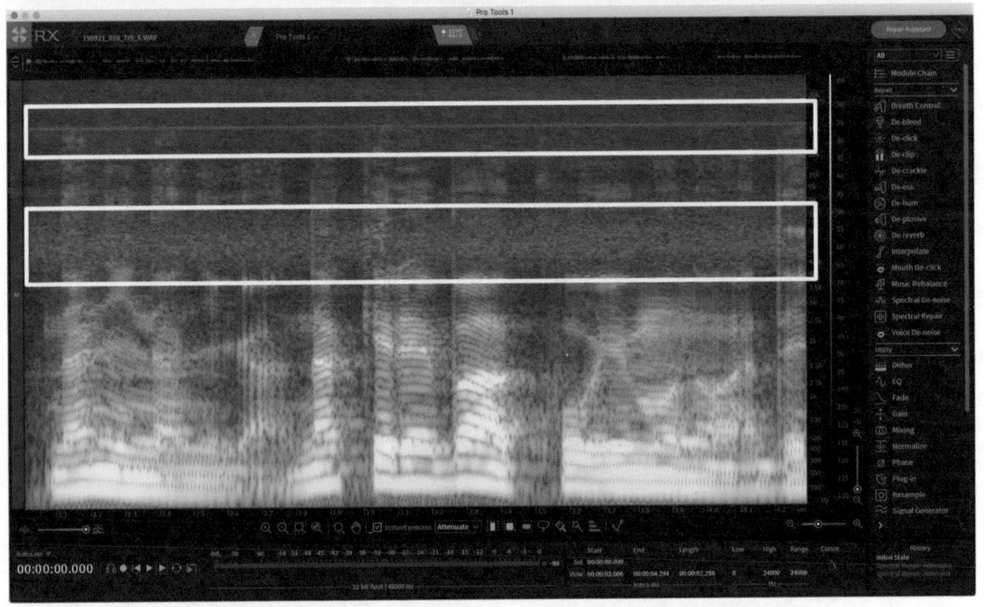

在频谱编辑界面中锁定噪声的位置。用白框包围的部分是用耳朵和眼睛确定的噪声。上面是“啪”的单一噪声，下面是蝉鸣声。蝉鸣声大致分为两个频带，看上去很有趣

别噪声，对噪声进行消除或缩小，非常方便（图 3）。虽然锁定和处理噪声需要花费不少时间去熟悉，但对调音的人来说这是没有损失的。顺便说一下，RX 7 也可以彻底消除蝉鸣声，不过由于无法消除覆盖在人声频宽的噪声，想要完全消除的话也要考虑音质。

图 3　消除噪声

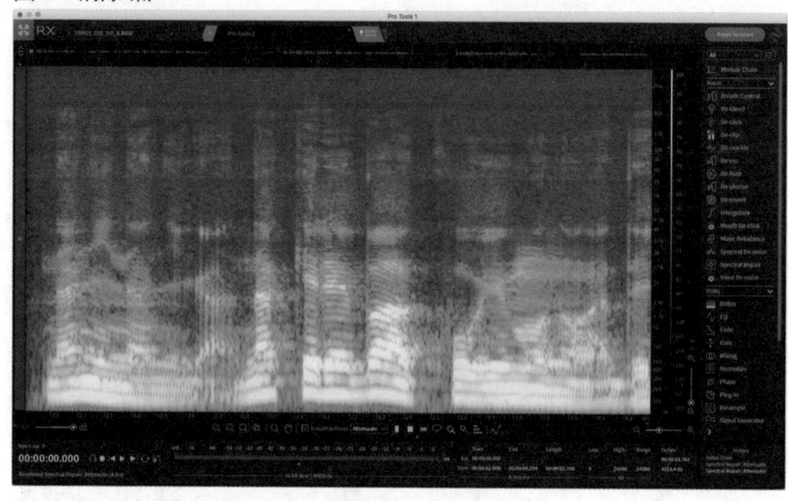

去除图 2 中的蝉鸣声。我在前文也提到过，如果想要消除到图中这种程度，在人声和频带所覆盖的部分中，无法被消除的噪声能够在瞬间听出来，就会变得极不自然。在调音的时候，对于这部分的判断力是必要的

◎去除领夹麦克风的触碰噪声、衣服摩擦噪声

领夹麦克风所拾取到的“嘎吱嘎吱”“咔嚓咔嚓”这样的噪声，曾经让我打心底里感到苦恼。对此，RX 7 配备了专门用来处理这种噪声的功能（只有最高级的 Advance 版搭载了这项功能），本来只需一个按钮就能清除这些噪声，可是我购入的是 Standard 版，不得不自己手动去除。如果是嘈杂的低频噪声，则还需要在频谱编辑画面中锁定噪声，然后像在 Photoshop 中利用套索功能那样去选定范围进行削减（图 4）。如果是中高频附近的“咔嚓咔嚓声”，利用 RX 7 去除了噪声，则中高频的声音也会受到强烈的削减，如果可能的话，最好的办法是搭配使用枪式麦克风来弥补失去的清晰度。

图 4　消除触碰噪声

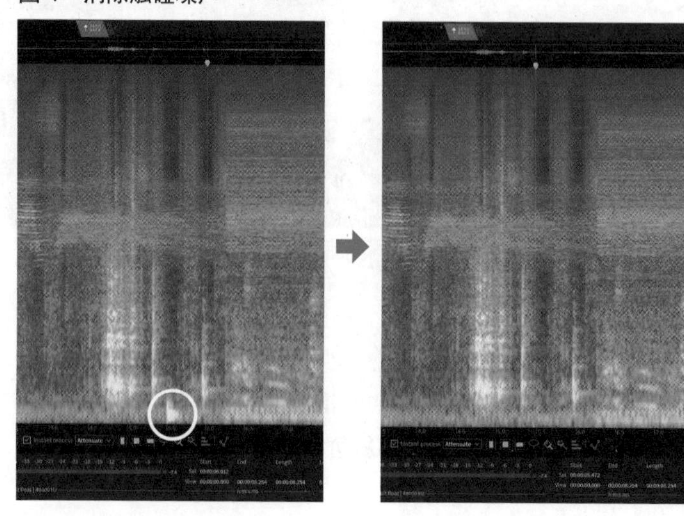

像这样的低频触碰噪声，可以消除得干干净净，就像什么也没有发生过

◎唇齿音、呼吸停顿声的消除、调整

在安静的室内进行采访或解说时，唇齿音和呼吸声（呼吸停顿）会十分明显。最基本的解决方法是通过波形编辑来进行削减。可是如果问题较多，则会非常耗费时间。这个时候，可以利用专门用来消除唇齿音的 Mouth De-click （Standard 版及以上版本有），只需使用一次就能完全清除这种唇齿音（图 5），并且精准度相当高，几乎不会对音质产生影响。

虽然 Elements 版没有搭载上述功能，但在某种程度上利用 De-click 或 De-crackle（图 6）也可以应对这种噪声。

关于呼吸停顿声，在 Standard 版及以上的版本中具备专门用来处理呼吸停顿声的 Breath Control，不过我基本上都利用波形编辑去调整。如果觉得这种声音没有必要有，则可以对其进行完全削减，可这样一来，声音就会失去生动感，让人觉得话没有说完。如果无论如何都要处理这种声音，则可以通过淡入淡出处理来调整呼吸停顿声的音量（图 7）。

图 5　Mouth De-click

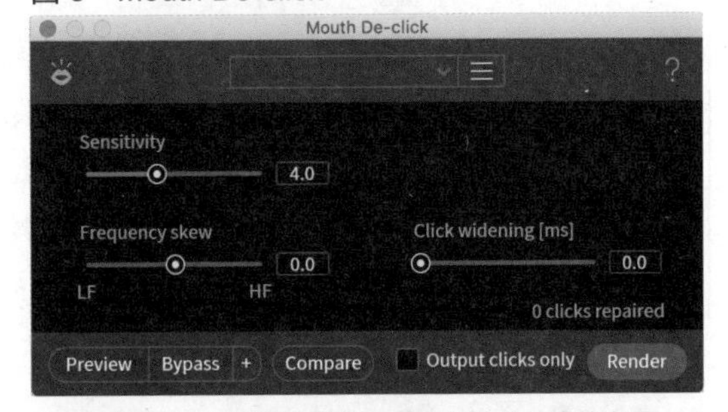

由于能够去除不必要的唇齿音，而受到广大用户的喜爱。只需调整“Sensitivity”的滑块就可以

图 6　De-click_De-crackle

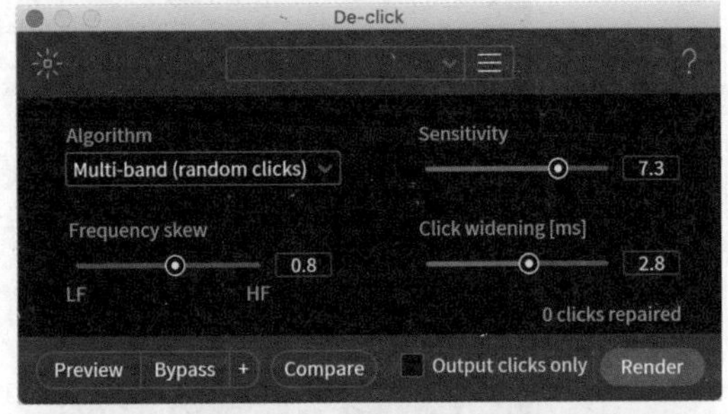

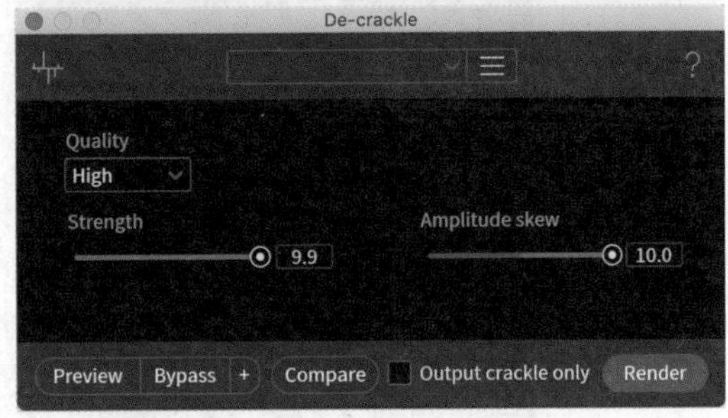

De-click 可以去除“咔嚓”这样的声音，De-crackle 可以去除“咕噜咕噜”“噼里啪啦”这样的声音。从我的经验来看，利用 De-crackle 消除唇齿音的效果会更好一些

图 7　呼吸停顿声

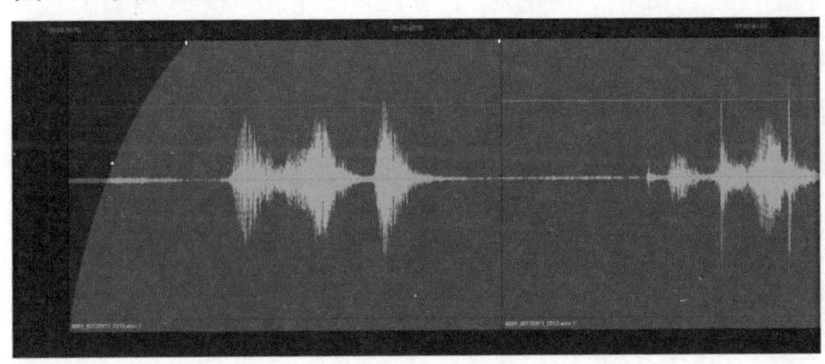

正在对呼吸停顿声进行淡入淡出处理。对呼吸停顿声是保留还是清除，除了要考虑声音的生动性，我们还要注意对话的节奏感，综合衡量这些因素后再去进行处理

◎破音的修复

不管我们如何谨慎设定，有时还是会发生无法预料的破音问题。如果在现场独自拍摄，偶尔还会遇上回去检查时检查出破音这样的状况。在这种情况下，如果破音程度不高，则可能会修复到听上去基本没有问题的状态。使用 RX 7 的 De-clip，只需要调整滑块就可以进行修复（图 8）。这项功能是 Elements 版及以上版本所搭载的，在关键时刻能够发挥很大的作用。

图 8　De-clip

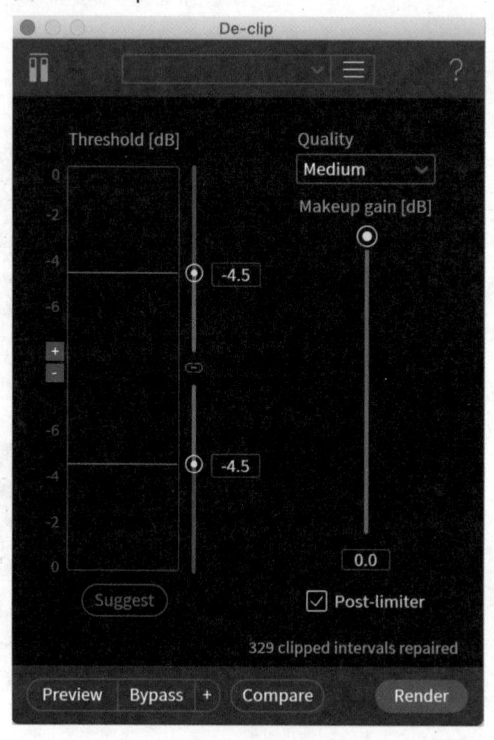

可以为我们修复音频块（超过 0dB 就会破音）

◎去除房间噪声（混响）

在室内采访中，有时会有回音，导致听不清楚内容。虽然可以选择在拍摄阶段利用领夹麦克风，或在房间内寻找不容易产生回音的地方拍摄，但表演时可能会顾不上这些情况。这时我会使用 De-reverb（图 9）。De-reverb，顾名思义，就是可以调整回音的设备，不过要是过度调整，声音会显得不自然，所以务必掌握好尺度。

RX 7 利用 AI 助手进行自动处理也是卖点之一（图 10）。如果让 AI 助手听到声音，一般它会给出 3 个备选处理方案。当然这些备选方案不可能都是尽善尽美的，所以我们要在此基础上进行微调。对于初学者来说，在微调过程中可以学习处理噪声的步骤和方法，尝试着如何灵活使用 AI 助手。

图 9　De-reverb

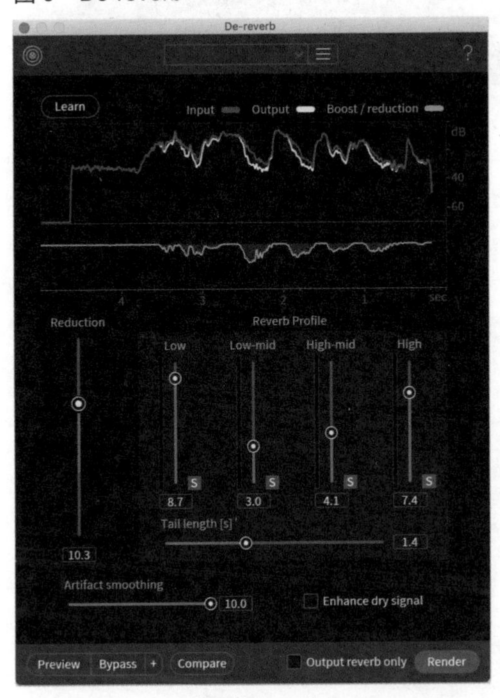

在回音较多的房间里录下来的采访，我们可以用 De-reverb 去除采访中的回音部分

图 10　REPAIR ASSISTANT

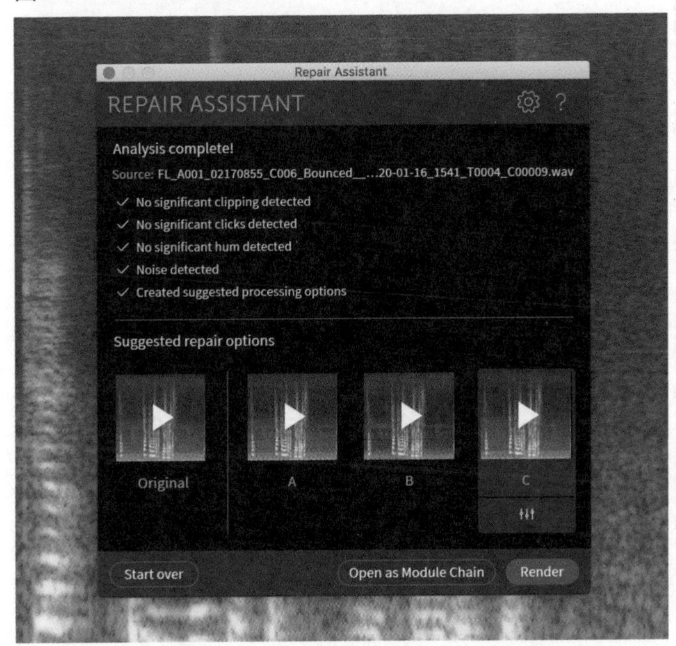

REPAIR ASSISTANT 是基于 AI 的辅助功能，可以说是 iZotope 的代名词。如图所示，REPAIR ASSISTANT 为我们提供了“A”“B”“C”三种备选处理方案。我们可以改变各备选方案的适用情况，也可以对这些方案中所用到的模块（如 Voice De-noise 等模块）进行微调

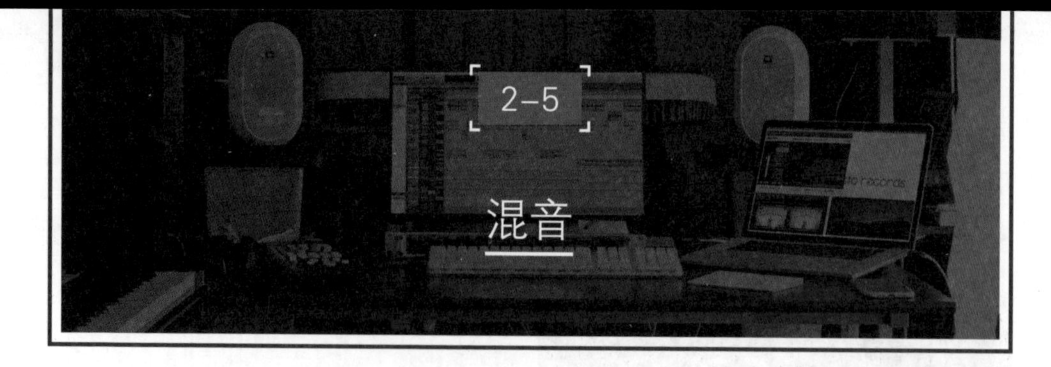

2-5 混音

好了，接下来终于说到混音了。也就是说，现在到了将准备好的食材下锅烹饪的阶段。等到熟悉混音的操作之后，我们在准备阶段就可以预先取得某种程度上的平衡，不过一开始还是要循序渐进地思考。

图 1　对话（旁白）和背景音乐的音量

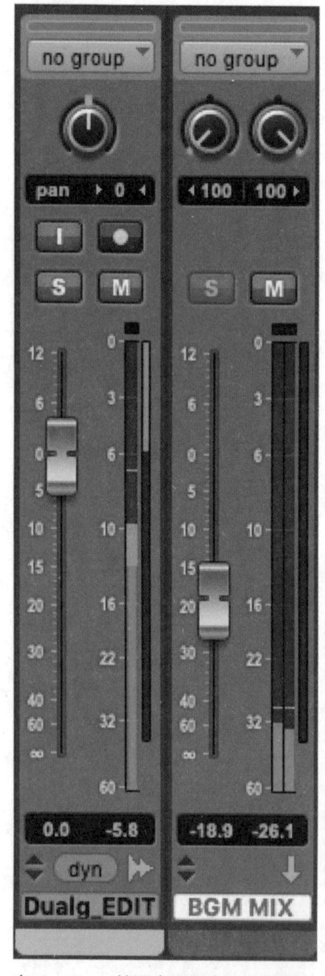

在 Pro Tools 的混音界面中可以看到对话（左）和背景音乐（右）的音量

1 决定背景音乐的音量

正如在 2.4 节所讲的那样，如果声音以旁白为主，那么在 VU 表上的数值平均为 –3VU（如果是峰值表，大概在 –10dBFS~–6dBFS）。要是加上背景音乐，背景音乐比旁白音量低多少，这一点则需要根据具体情况去分析。虽然每个人对混音的理解是不同的，不过基本的思路是不能干扰作为主体的旁白声，同时也应发挥背景音乐的效用（图 1）。我们必须要考虑背景音乐所呈现出来的效果，以及背景音乐的声压等。对于初学者来说，每个月最好去观摩各式各样的背景音乐作品。

2 在开头或结尾如何设定背景音乐音量

在开头等没有主体声音的部分，背景音乐往往会变成主角，所以需要设定好这部分的音量。与其说是看着 VU 表设定音量，不如说是靠着个人感觉设定。非要具体说的话，就是背景音乐的音量要和主体声音的音量差不多。一旦出现了主体声音，就要降低背景音乐的音量，如果两者之间的音量差过大，就会让人感觉很不自然。在考虑好视频给人余味的基础上，再去慎重决定结尾部分的音量。开头与结尾的音量并非要保持一致。

3 背景音乐的音量自动化

确定好背景音乐在各个部分的音量后，就可以根据视频走向自动调整音量了。从个人习惯和操作便利性来说，我通常会用音量控制器（图 2）从开头部分开始播放，实时记录增益信息。DAW 也具备利用鼠标编辑音量的功能（图 3），可以直接使用。不过，鉴于工作效率和微调的简易程度，提前备好一台音量控制器会方便不少。

图 2　音量控制器

PreSonus FADERPORT 2。虽然利用一台音量控制器也能提高效率，但有 8 台的话会更方便吧

图 3　对音量进行编辑

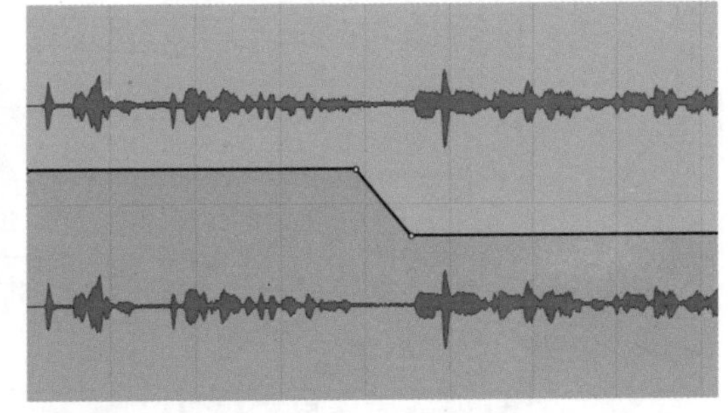

在对音量等进行编辑的时候，通过铅笔或套索工具进行自动读取

在主体声音进入之前要降低背景音乐的音量，我们将这个叫作“闪避[1]”（类似于鸭子把头潜入水中的样子。和拳击中的下潜意思差不多）（图 4）。降低音量的时机和速度需要根据背景音乐和主体声音的节奏来决定。要注意让主体声音流畅地传到我们的耳朵里。如果在单词与单词之间将闪避做得太过细碎，则听起来就会很刺耳。在很多情况下，我们需要在稍长的时间空档里提高背景音乐的音量（图 5）。这样一来，就可以让人预想“啊，暂时不会有旁白了”，从而将观众的意识引导到视频画面上。如果想让观众对某个部分的视频留下深刻印象，则可以大幅提升该部分的音量。

图 4　闪避

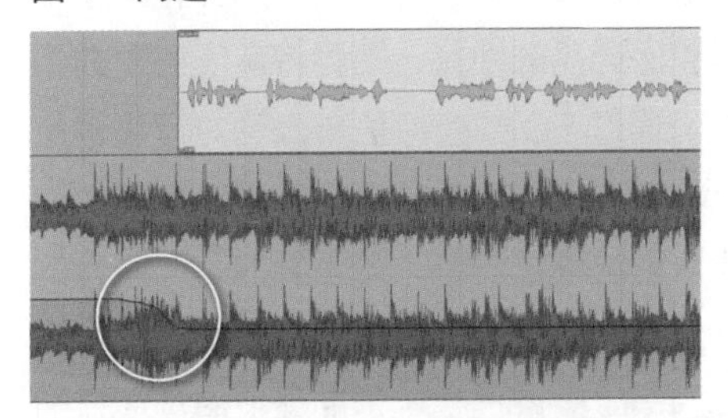

在旁白（上方）进入之前，降低背景音乐（下方）音量。我在高中时代就掌握了音量降低的时机，现在依然还在活用之前的经验

图 5　位于背景音乐中间部分的音量

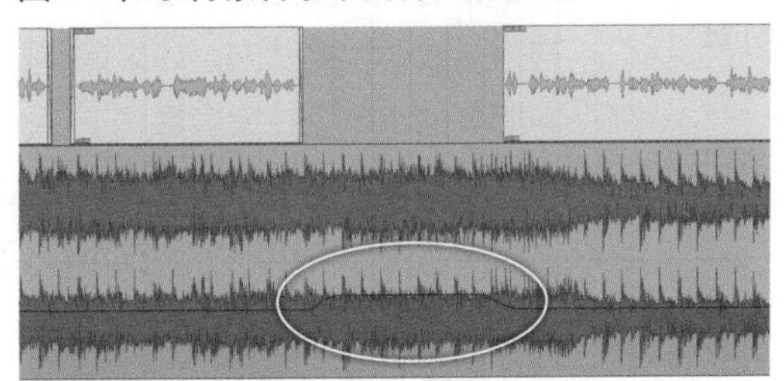

如果极端提高音量的话，则会破坏整体的氛围，这一点需要注意

1　闪避是一种音频效果，通常用于广播和流行音乐，尤其是舞曲。在闪避中，一个音频信号的电平会因另一个信号的出现而降低。

另外，背景音乐不能始终以相同音量 / 声压播放。在大多数情况下，背景音乐既要有安静的部分，也要有激昂的部分，所以在闪避过程中需要根据这一点谨慎控制音量（图 6）。由于现在我们通过波形就能得知后面的音量状态，所以这项工作也就变得轻松了。

图 6　背景音乐音量自动化

背景音乐（下方）音量自动化的整体状态。在后半部分的旁白即将进入的位置，背景音乐的音量就会不断降低，但为了保证其存在感，最好一点点提高背景音乐的音量。顺便说一下，在没有旁白的部分，由于同时录制下来的对话成了主体声音，注意不要提高背景音乐的音量

4 确定效果音等音量

平衡好主体声音和背景音乐的音量后，接下来确定效果音等音量。实际上，这项工作是和上述工作同时进行的，对于初学者来说，逐项处理更容易掌握。是想要通过效果音进行华丽修饰，还是想要自然地融入主体声音，考虑好效果音的作用后再去确定其音量。必要时也可以进行音量自动处理。

5 确认 / 调整整体的音质

平衡好所有声音的音量后，需要从音质层面进行再次确认。单独去听各个音轨，可能听起来不错，但是叠加了其他声音之后，也许感觉就会发生变化。如果有些地方感觉不对劲，则要再次调整各音轨的 EQ 和压缩器等设定。然后，在集合了所有声音的总线上插入 EQ 和压缩器 / 限制器，调整最终音质与动态范围（图 7）。另外，我在调音部分说过，有时候也要配合视频内容去营造音质上的氛围感。例如，如果是服装品牌的视频，则要将音色调整为温暖柔和的状态；如果是化妆品和医药品的视频，则要将音质调整成干净明亮的状态。在大多数情况下，我们通过 EQ 或模拟仿真器等对音质进行修饰（图 8）。不过，切记不可以耍小聪明，调整音质需要坚持严谨细微的态度。虽然委托人可能不会注意，但我认为这种执着是十分重要的，与声音的个性息息相关。

到此为止，2MIX 终于结束了。如果是以前的 MA（地面模拟电视放送时代），则基本上到这里就结束了，但是进入地面数字电视时代以后，就连网页视频服务平台都陆续引入了响度，所以我们还需要配合演播媒体进行响度方面的调整。

图 7　总线压缩器 /EQ

在总线中插入压缩器和 EQ。WAVES api 2500 提供了适当的模拟感，由于我比较喜欢在中频 ~ 中高频附近营造出声音的张力，所以经常将其用作总线压缩器。EQ 带来的音量补偿在 1~2dB 左右。如果极端提高音量的话，混音本身就会出现问题，所以最好还是回到各个音轨上去做单独处理

图 8　各具特色的效果器

这是我经常使用的主输出效果器之一，可以赋予声音温暖的质感。ARTURIA COMP TUBE-STA（上）在中频部分具备独特的温暖感，虽然有时候会将其用来表现这种带有温暖质感的声音，但由于本身的个性太过强烈，所以平时的使用频率不高。Slate Digital VTM（下）是模拟开放式磁带的产品，像这样的磁带模拟效果器，我购入了好几台，不过最喜爱的是这一台。虽然可以与磁带搭配选择卡座种类，不过选择 2Tr. master 的话，低频部分的声音会变粗；选择 16Tr. multi 的话，能够得到高保真的声音，所以想要得到干净音质，还是选择 16Tr. 吧

专栏

理解“总线”

使用过模拟混音器的人，其实理解起来比较简单，不过对那些刚从 DAW 进来的人来说，可能并不熟悉“总线”(Bus，有时写作 Buss)。总线是声音的通道（图 9）。我试着将这个概念做了图示（图 10）。母带总线是在最后阶段将所有声音汇聚在一起的最重要的总线，虽然需要在默认选项完成设定，但在此之前要设置辅助总线，将多条音轨统一整理到一个音量推子上，然后就可以进行音量调整和效果处理了。在这里，我来介绍一下在 Pro Tools 中将多个会话音轨整理到一个辅助总线的顺序。

图 9　总线

模拟混音器。左侧是各通道的音量推子，最右侧是母带总线（这里是 LR 和 Mono），中间是 4 个辅助总线。在通道的音量推子旁边可以确认这些小小的按钮（黄框），分别是“LR”“M”“1-2”“3-4”，可向所按下按钮的总线发送信号，大致是这样的结构。如果不按下按钮，就无法输出声音。另外，在各通道的音量推子上有个叫作“AUX”的旋钮（红框），这是辅助总线（Auxiliary Bus），主要用于向外部效果器发送信号，以及向表演者的监听器发送信号

图 10　总线概念图

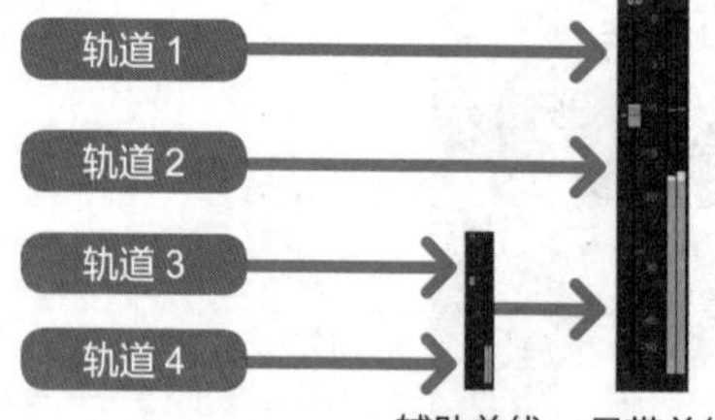

看了上图，你应该对总线的概念一目了然了。当然，在辅助总线的后面还需要创建更多的辅助总线，然后再去和其他音轨的声音合并在一起……什么都有可能发生

首先，按照顺序排列好想要整理的音轨，按下 Shift+ 音轨名称，然后按下 Shift+ Option+ 其中一个轨道的输出选择。这样一来，我们就可以统一改变选择好的音轨输出地址。

在菜单最下方选择“新建音轨…”选项（图 11），在新建音轨之前，一直按住之前的 Shift+Option，这一点很重要。

接下来，出现如图 12 所示的音轨创建窗口。首先，确认 Mono/Stereo 的设定（由于这次是对话框，所以改成 Mono）。种类保持选择“Aux 输入”即可。可以命名为“Dialogue MIX”等。因为这里所取的名字会成为总线的命名，所以先取个容易理解的名字吧。最后，如果按下“创建”的话，就会在对话音轨下方创建一个总线音轨，这两个声音最后会被集中到这里（图 13）。

确认两个对话音轨的输出变成“Dialogue MIX”的总线，与此同时 Dialogue MIX 的输入为“Dialogue MIX”的总线，输出和主总线的输出一致（这里是 Analog1-2）的话，那么就成功了。顺便说一下，这个新建的辅助总线也可以和其他总线整合到一起。

顺着这个思路，如果我们提前建好“对话”“环境音”“SE”“BGM”的总线，就

可以将这些音轨汇总起来进行相同的效果处理，用几个音量推子对数量庞大的音轨模块同时进行调整，这样工作起来就容易多了。

另外，在画面上方的菜单栏选择“设定”→“I/O…”选项，就会出现“I/O 设置”窗口，借助这个来管理建好的总线（图 14）。在窗口上方浏览“总线”标签，会发现最下方有个叫作“Dialogue MIX”的总线。当然了，你也可以在这个窗口里创建新的总线，之后通过各音轨的输出设定进行分配，删除不必要的总线，以及对总线进行重命名等。

图 11　新建轨道

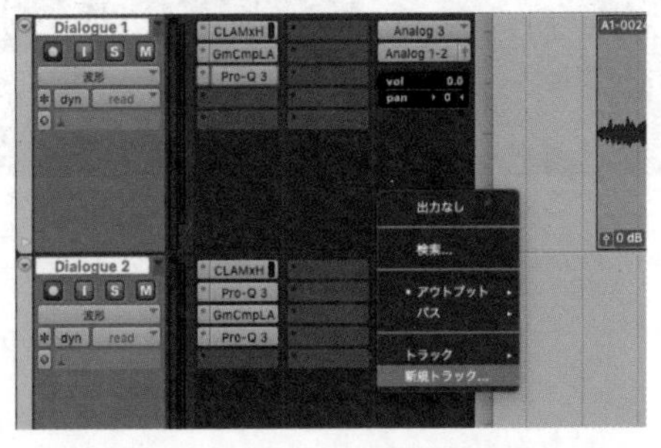

这里以新建总线为前提，如果想要利用已建好的总线，那么从“总线”一项里选择自己想要用的总线即可

图 12　新建轨道 2

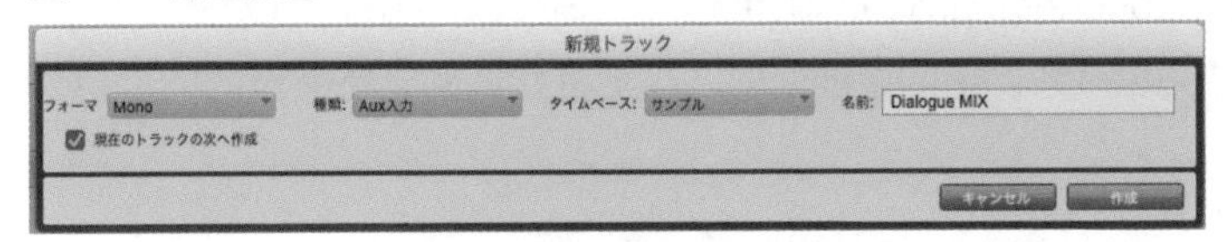

图 13　制作总线

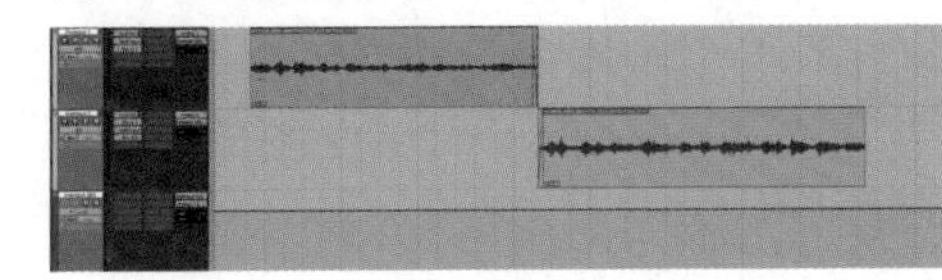

由于总线的轨道是单纯的声音轨道，所以无法将削波等放上去

图 14　总线的管理

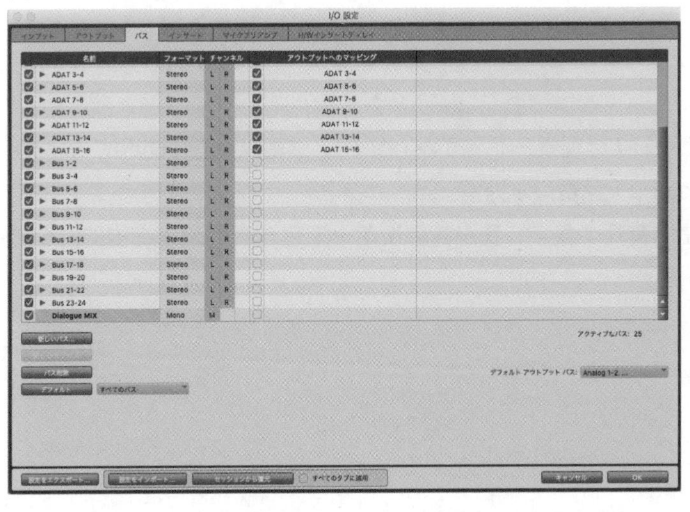

在这个窗口中可以管理 Pro Tools 上所使用的所有总线。顺便说一下，在“输入”或“输出”的选项中，可以设定 Pro Tools 的总线和音频 I/F 的输入输出路线。如果这些设定不固定，声音就会无法出现，也就无法录音，这一点需要注意

那么，关于响度，大家是不是都了解呢？简单来说，响度就是受人类听觉特性（等响度曲线）影响的整体平均音量。目前世界范围内存在着好几种响度标准，其中以 ITU-R BS.1770（国际标准）、EBU R128（欧洲标准）、ARIB TR-B32（日本标准）等最具代表性，虽然每种响度标准都存在着细微的差别，不过基本上可以认为是相同的。

有两种表示响度的单位。

- LKFS（Loudness K-Weight Full Scale）：在 ITU 和 ARIB 中使用。
- LUFS（Loudness Unit Full Scale）：在 EBU 中使用。

它们和 dBFS 一样，指的是绝对值。当数值相同时，所表示的响度也是相同的。

例 –24LKFS = –24LUFS

另外，还有“LU”（Loudness Unit），与“dB”（相对值）相同，表示相对于某一基准的相对量。

例 以–24LUFS为基准的话，0LU=–24LUFS

这时 10LU=–14LUFS。当然了，如果基准是 –14LUFS 的话，那么 0LU=–14LUFS。

接下来让我们实际观察一下响度表（图 1）。这里以我正在使用的 Youlean Loudness Meter 2（免费版）为例。

其界面左侧有几个数字，我来简单说明一下包含瞬时响度在内的几个重点参数。

图 1　响度表

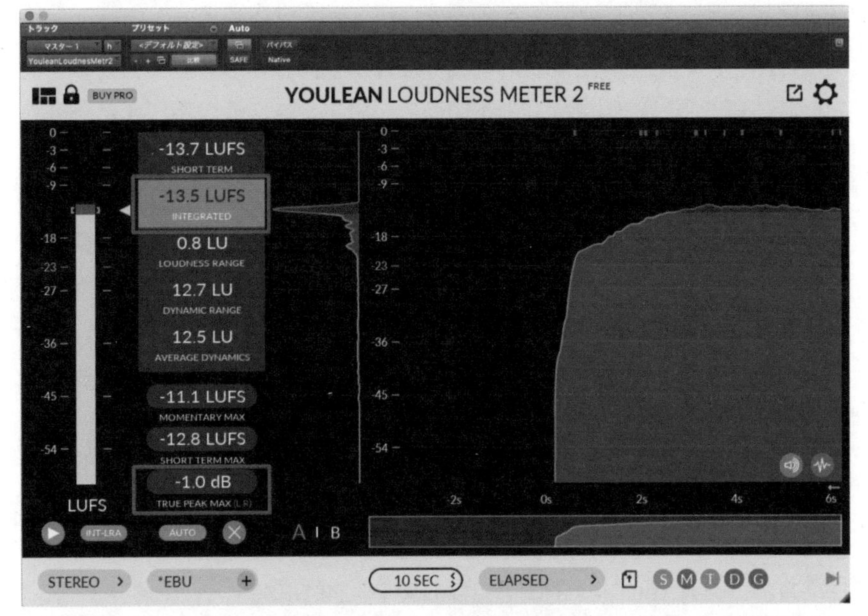

由于选择了 EBU R128，所以单位变成了 LUFS。我只能看到红框选项的数值，在不使用 VU 表、一开始就利用响度表进行混音的情况下，最好还是利用峰值表和 VU 表去测量瞬时响度以及短时响度。顺便说一下，免费版收录了 ITU-R BS. 1770-4 、EBU R128、ARIB TR B-32 等电视广播类的预设选项，而 PRO 版（收费版）收录了 Spotify、Apple Music、YouTube、Netflix 等流媒体类的预设选项。当然，如果你知道各媒体平台的目标响度值，就无须选择这样的预设选项了

瞬时响度（Momentary loudness）	表示瞬间（以 400ms 为单位）的响度
短时响度（Short-term loudness）	以 3s 为测量单位获取的响度
累计响度（Integrated loudness）	表示整段音频的平均响度
响度范围（Loudness range）	响度变化的范围值，即音量大的部分与音量小的部分之间的响度差
真实峰值（True peak）	在采样中出现的峰值（详见第 1 章“关于数字音频”部分）

我用红字标识出了重点，在进行响度调整的时候，主要关注的就是红字这几项。具体关注哪一项数值，以各媒体规定为准。在此我举了几个例子：

TV 播放（日本）	–24LKFS	–1dBTP	交付素材标准
Netflix	–27LKFS	–2dBTP	交付素材标准
Spotify	–14LUFS	–1dBTP	导入响度标准化
Apple Music	–16LUFS	–1dBTP	导入响度标准化

对于广播公司和 Netflix 来说，±1LU（Netflix 是 ±2LU）是可以接受

的范围，不过基本还是以上述数值来接收素材的（响度标准化的介绍详见后述内容）。日本电视广播以地面数字化为契机导入了响度标准，流媒体播放平台根据不同的服务，所规定的响度标准并不相同，其中有些平台公布了响度标准，有些平台的响度标准尚不明确……总之，这次就以用户人数最多的YouTube为例进行讨论吧。

目前YouTube已经导入了响度标准，也就是说用户所上传作品的音量都需要遵循响度标准所规定的响度值。这是为了消除不同作品之间的音量差，观众在浏览视频或音频时不用频繁调试音量。具体说的话，如果用户上传的作品音量过大，就会被强制降低音量（音量小的作品基本不会发生变化）。顺便说一下，Spotify和Apple Music用户可以利用专用播放器来关闭所播放的音/视频，那么YouTube用户该如何应对呢?

首先，如果你像我一样利用老式的VU表来进行混音，那么此时的响度值通常在–24LUFS左右。如果用于电视播放，只要稍微调整一下，将音量调整到–24LUFS（LKFS）就可以了。如果用于YouTube播放，就需要进一步提高音量，因为YouTube的响度目标值大于–24LUFS。

那么，问题来了。虽然YouTube公开表示了采用响度标准，具体的数值却是非公开的。很多人都在网上写过相关实验的报告结果，我在撰写本书时（2020年）的最可靠说法是“YouTube的响度参考值是–14LUFS”（真实峰值是–1dBTP）。

接下来，我们来思考一下如何降低音量。老实说，即便是为了扩大动态范围而将作品的音量降低了，其实也不会出现什么大问题。真正让人感到头疼的是声压非常高的内容……比如响度为–6LUFS左右的作品被降低音量的时候，尤其是音乐相关的内容。这时如果动态范围窄（音量起伏不大）的声音被降低8dB左右，与动态范围宽的声音相比，在同一响度下被降低音量的动态范围窄的声音听起来会单薄无力（图2）。所谓的“响度大战”已经成为过去时……

图2　降低高声压级音源音量的例子

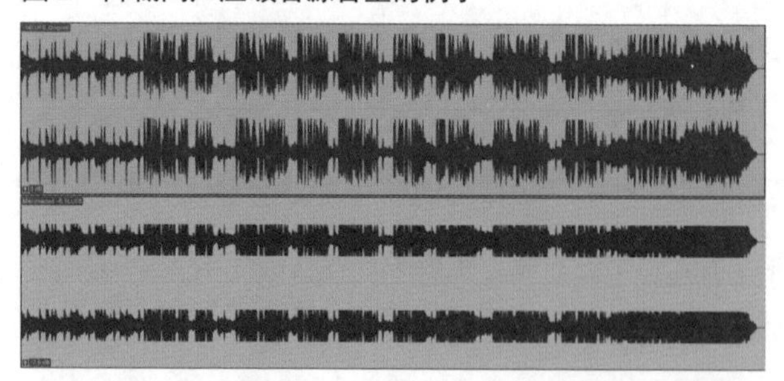

上方的波形是在响度为–14LUFS的状态下完成的混音，下方则先不断提高声压，直到响度变为–6.5LUFS，然后又将声压降低了–7.5dB，才变成与上方相同的–14LUFS。只要观察这两种波形，就能知道响度的影响有多大

实际响度值的匹配方法如下。当然了，响度表是必备品。市场上还有一些免费的响度表插件，也是可以用的。响度表必须插入母带总线的最终段。

1. 在完成混音的状态下播放全部的音频，然后测量响度（查看写有 Integrated 或 Long 的数值）。
2. 对于没有达到目标响度的部分，提高音量（如果超过响度，就降低音量）。

< 例 > 如果目标响度值为 –14LUFS，第一次测量值为 –24LUFS，那么就将最终输出值提高 10dB。

3. 再次测量响度值进行确认。
4. 重复上述动作，一直达到目标响度值为止。

这里必须注意的是 True Peak（以下简称 TP）。为了满足上述的交付标准，TP 必须控制在 –1.0dBTP 以下。那么，实际该如何处理呢？最快捷的方法是利用抑制 TP 的限制器 / 最大化效果器（图 3）。如果想用其他方法处理，也可以利用普通的峰值表，不要超过 –3dBFS。这样一来，即便出现了 TP，也会将峰值表控制在 0dBFS 以下。不过，暂且不论电视播放的情况，在保持峰值为 –3dBFS 的情况下达成 YouTube 所规定的 –14LUFS 就是不可能的。这时就需要利用抑制 TP 的限制器 / 最大化效果器。另外，我在进行

图 3　TP 限制器

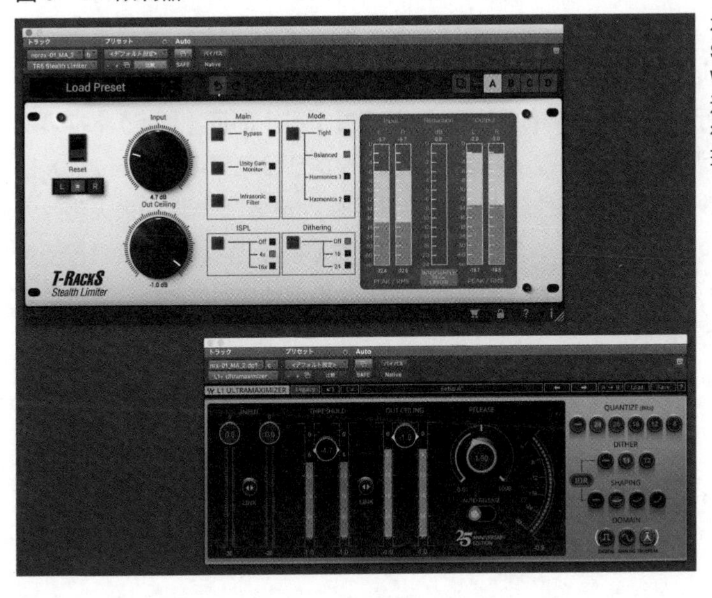

本图上方是 IK Multimedia Stealth limiter，下方是 WAVES L1 Ultramaximizer。这些限制器可以在内部进行 4 倍以上的过度采样处理，以此来避免产生 TP

图 4　爱用的限制器

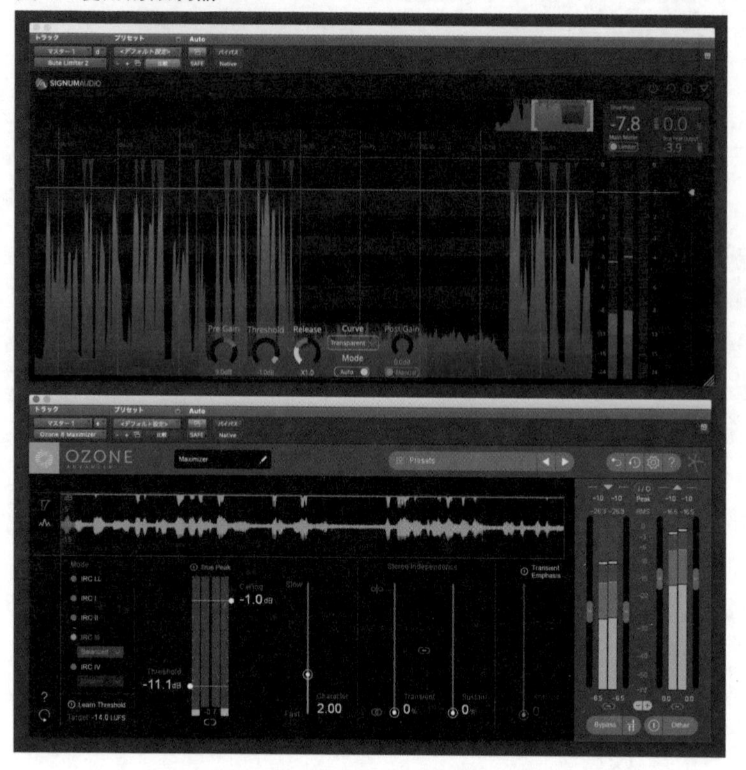

BUTE Limiter 2（上）可以在不过度影响音色的前提下进行抑制 TP 的响度调整，这一点我非常喜欢。Ozone 8 Maximizer（下）基本上也不会对音色产生影响，它可以通过改变 IRC（Intelligent·Release·Control）的类型来为声音赋予个性，这一点可与“Lean Threshold”中设定的响度值完美结合，非常方便。另外还配备了键盘，我在必须以 16bit 格式输出文件时用的就是这台限制器

MA 工作时使用的是 Signum Audio 的 BUTE Limiter 2、Ozone 8 Advance 的最大化效果器（图 4）。不管哪种产品，都易于上手且性能出色。

顺便说一下，在测量响度值的时候，一旦输出了 2MIX[1]，最好将其作为新音轨读入。如果音轨标尺短，反复测量起来就没那么痛苦；若是音轨标尺长，那就是地狱了（苦笑）。在输出 2MIX 的情况下，如果将响度作为 Audio Suite 来执行，由于可以离线测量，所以缩短了不少时间（图 5）。如果是单纯的响度调整，只需调整没有达到目标响度的部分就可以了。与 2MIX 相对，在使用抑制 TP 的限制器 / 最大化效果器时，按照“限制器 / 最大化效果器”“响度表”的顺序插入，然后利用跟踪提交（在会话内读取）来进行反复测量和调整（图 6）。在高性能的响度表中，也有那种只对修改部分进行重新测量的类型，不过如果没有购入此类设备，使用上述这些方法也是可以的。

1　双声道混音（2MIX）是指将所有音轨调整好并整合成左右声道两个音轨后，最终需将这两个单音音轨混成立体声（stereo）音轨。由于这里是左右两个声道的音轨，因此称为 2MIX。

调整完这些后导出文件即可。母带的音频格式最好选择 24bit/48kHz 的 WAV 格式。明明视频已经变成了 4K、8K，而音频的分辨率还是原来的 16bit，我个人对此是无法接受的（笑）。实际上，这是因为音色也会发生变化。即便素材是 16bit，考虑到在混音中添加的效果等，还是应该以 24bit 的格式导出文件。不过，现在在 DAW 中操作时的文件格式基本都是 32bit float，能够处理 32bit float 文件的视频剪辑软件也越来越多了，所以或许也可以将 32bit float 作为母带的音频格式。我个人建议需要根据时代变化灵活应对。

图 5　响度调整 _AudioSuite

在会话中读取所输出的 2MIX 后，在选择 2MIX 音频的状态下选择菜单栏的“AudioSuite”→“You lean Loudness Meter 2”选项。然后按下显示为 Audio Suite 的响度表 2 右下角的“Render”，瞬间之内就能完成响度测量，显示累计响度值。与目标响度之间的差值，可以通过音量推子或音量调节插件来处理

图 6　响度调整 _ 跟踪提交

在 2MIX 的音轨上加入 TP 限制器 / 最大化效果器，在后段插入响度表，右击音轨名称，然后选择“跟踪”选项。在弹出的窗口中，如图所示进行设定后（一定要勾选“离线”复选框）按下 OK 键。这样一来，导出在 2MIX 音轨下通过限制器 / 最大化效果器的混音。这时检查响度表，确认是否变成了目标响度值，如果不符合，就取消跟踪，重新调整限制器，再次跟踪……如此反复进行上述操作。与图 5 的情况相比，这种方法更具实践性

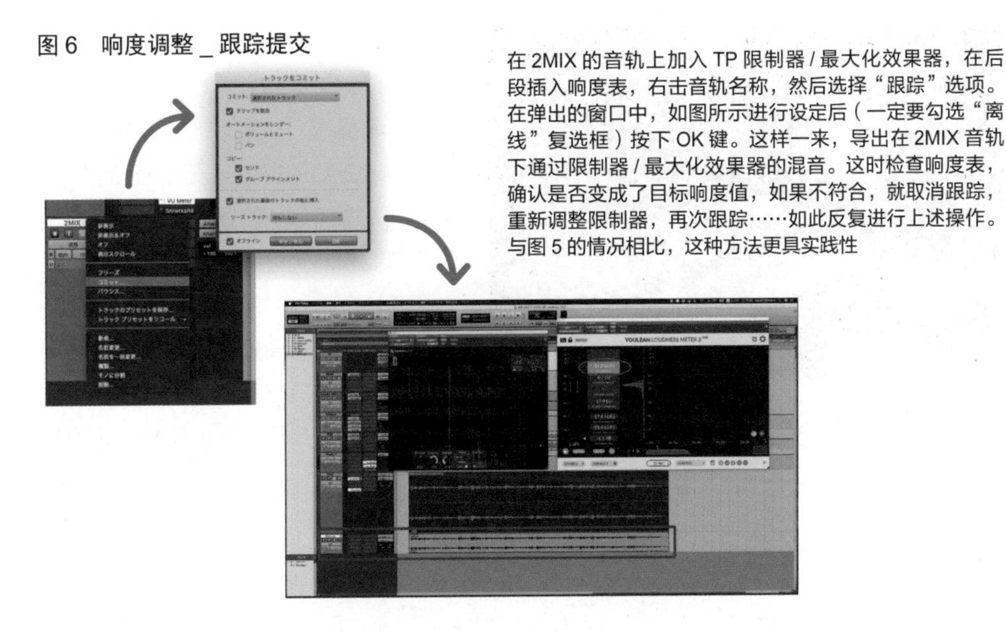

2-7

DaVinci Resolve[1] 内置的 Fairlight

我在介绍 DAW 的时候，曾经讲到过 DaVinci Resolve 内置的“Fairlight”。我们这一代（80 后）中熟悉音乐的人听到“Fairlight”，首先想到的应该是“Fairlight CMI”（图 1）。

这种音频工作站在 20 世纪 80 年代初登场，配备了声音采样功能、加法合成的合成器以及简易排序器（自动演奏功能），可以说是现代 DAW 的鼻祖。当时的价格是 1200 万日元！在日本，这种音频工作站被坂本龙一等众多著名音乐家使用过，日本人最熟悉的应该是久石让创作的《风之谷》《天空之城》中的配乐。后来到了 80 年代后期，人们开始转向数字音频剪辑，并将这种趋势逐渐渗透到电影、电视剧的后期制作领域。随着时间推移，2017 年 DaVinci Resolve14 吸收了音频剪辑 / 混音功能，一直延续至今。

下面我们来看一看现在的 Fairlight（图 2）。视频剪辑画面可以用索引标签进行切换，类似于将视频编辑软件 Adobe Premiere 和 Audition 整合到了同一个软件里。

由于在同一个软件里，所以不需要花费太多时间在序列传送上。在窗口内，时间线、轨道混音器、各轨道的声压表、响度表、视频画面等集合在一起，可以对这些进行显示 / 隐藏，或改变大小等操作。一开始各轨道的推子上部就有 EQ 和动态效果器（压缩器 / 限制器 / 噪声门限 / 扩展器），只要点击两次就能唤起上述效果器进行快速应用（图 3）。

像这样的通道条结构，沿袭了硬件混音控制台的风格，对于习惯使用专业音响设备的人来说，这种风格是最熟悉不过的了。

图 1　Fairlight CMI

Fairlight CMI III 的实体机，拍摄于 2018 年的乐器展。你可以看到像大型计算机一样的主机，以及 CRT 显示器（左）和专用键盘。CRT 是一种用光笔触摸就能操作的高科技设备，这次展示中也使用了现代的液晶显示器

1　DaVinci Resolve 是适用于 MacOS、Windows 和 Linux 的调色和非线性编辑的视频剪辑软件。

图 2 Fairlight 界面

从外观和功能都展现出质朴刚健的专家风。对习惯了用户友好功能的人来说，掌控起来可能并不容易

图 3 通道条

打开音轨的 EQ 和动态效果器的界面。如图所示，各效果的图形和推子上部的图形处在联动状态。总体来说，DaVinci 的 GUI 是单色平面的，打开多个效果插件看起来有些困难

图 4　DSP 加速卡

可选 Fairlight dio Accelerator。除了提高了轨道回放的性能，不依赖于个人电脑的 CPU，还可以使用 EQ 和动态效果器。另外，可实时处理多达 6 个 VST 效果（仅支持该产品的 VST 效果）

图 5　控制台

Fairlight 控制台。由“音频编辑器”“频道控制”“频道推子”“LCD 显示器”等模块构成，是最大可扩展到 48 个推子的大型控制台。另外，各模块也可以独立使用

对于其他的效果插件，通过插入插槽中来读取使用。DaVinci 支持 VST （Win/Mac）和 AU（仅 Mac）两种插件格式，也可以使用市场上的第三方插件。

音频处理并非在计算机的 CPU 中进行，而是利用外部 DSP 处理，所以需要预先准备好 DSP 加速卡（图 4）。通过所追加的外部设备，提高了回放、效果器的实时处理能力。

此外，DaVinci 还具备灵活的总线路径、高效的监听功能、对后期配音十分便利的 ADR 功能、支持 3D 音频等功能，可处理环绕立体声、沉浸式音频、VR 混音，可谓功能非常强大。不过，附属的效果插件都是最基础的，并没有 Adobe 产品那样便利的处理功能。想要正式使用的话，也必须使用第三方插件。顺便说一下，正如用来颜色分级和调色的“Mini Panel”，Fairlight 也有专门的剪辑器和控制台，可以将它们组合成后期工作室的专用控制台（图 5）。

由此可见，Blackmagic Design 公司将视频和音频的后期制作整合成了一个解决方案，旨在提高后期制作的效率。也就是说，DaVinci 并不是面向个人的系统配置，而是面向中等规模以上的制作公司的系统配置（包括硬件价格在内）。

正如前面所讲述的那样，DaVinci 并未配备便利的自动处理功能，从这点来看适合专业人士。但是，像这样的专业软件，几乎没有功能上的限制，还可以免费使用，个人没有理由不去使用吧！虽说沿袭了过去的 Fairlight，但是和 DaVinci 的合并，基本上是焕然一新的状态。即便现在还有很多不太好用的地方，但也在频繁进行着软件更新，改善大家所提出的不满之处。随着今后视频创作者数量的增加，说不定用于 MA 的情况也会增加。除 Pro Tools 之外，预算高的人也可以使用这些软件。

第3章

MA 工作室

本书围绕的是在家中进行的 MA 工作，那么外面的 MA 工作室就没有存在的必要吗?

我想应该会有人提出这样的疑问，接下来我们探讨一下 MA 工作室的工作内容吧。

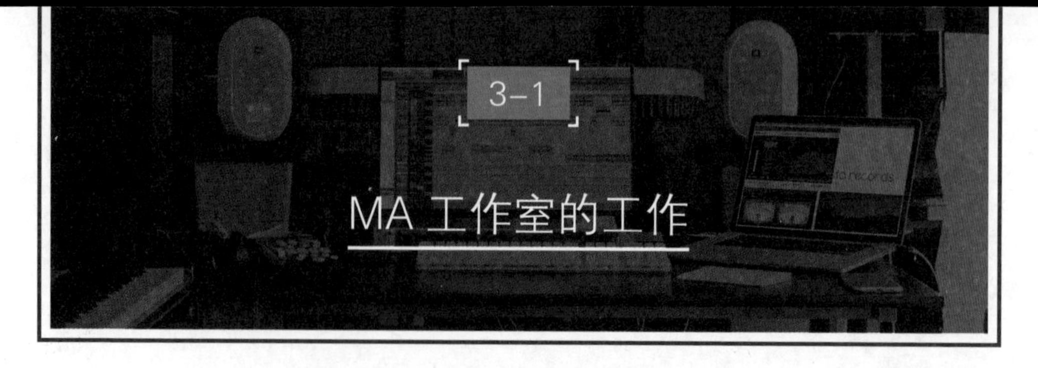

对于没有 MA 工作经验的人来说，可能会对这样的专业性现场感到太过陌生，一旦碰到自己不得不上手的情况，有些人就会变得紧张不安。确实，一般情况下录音室都是租用的，不能浪费过多的时间，现场又是专业术语满天飞。面对上述这些情况，我们最好通过现场的实际操作来积累相关的经验。首先，我来谈一谈我自己的经历吧。

我在影视制作公司工作的时候，几乎所有的项目收尾都不得不在后期制作工作室完成。“PosPro”是“Post-Production”的简称，顾名思义是指后期制作的收尾阶段。从音乐制作层面来说，相当于母带处理阶段。顺便说一下，我所在的公司里，基本上由公司内部的导演来负责视频剪辑和旁白素材的制作，我根据导演的要求来挑选背景音乐和制作 SE。导演利用这些素材来制作临时的视频（附带声音），然后我们在此基础上利用 Pro Tools 重新排列素材，背景音乐也要利用原始数据进行重新剪辑，最后完成临时的混音。将这个临时剪辑的视频和混音作为客户用来确认的试映作品，如果确认没问题的话，就去后期制作工作室！也就是说可以进行后期制作了。

一般来说，后期制作工作室配有专门用来剪辑视频的房间、录制旁白以及进行后期制作的房间。当时的工作流程是我们在视频剪辑室按照素材种类读取导演临时剪辑好的视频，一边做好颜色分级（色彩的调整）和大量的效果处理等，一边正式开始剪辑。之后，在 MA 工作室利用临时剪辑的视频来录制旁白，同时进行混音等相关工作。视频剪辑和 MA 工作结束后，将它们同步到母带，完成最终的成品！这就是全部的流程。下面我一边回想当时的情况，一边详细介绍 MA 工作室的工作内容吧！

首先，我的工作是进入混音室（笑）。“早上好！”我向工程师们和颜悦色地打招呼，一边递上整音所需的数据和旁白稿件（稿纸），一边简单传达工作内容。传递的数据就是在之前的临时混音中使用的 Pro Tools 的会话文件。之所以使用 Pro Tools，虽然考虑到其优越的操作性能，大多数情况下还是因为大部分工作室都在使用，无须一点点导出需要交接的数据，直接传递正在操作的会话文件即可。除去前述的会话文件，在 Pro Tools 上所使用的背景音乐、SE 等原始文件，也可以放入其他文件夹中进行传递。这是因为偶尔会出现因文件损坏而无法展开的情况。然后就是传达“我们插入了临时的混响，您要是方便的话，可以重新修正”等特别事项。

工程师们（或助手）以传递过来的数据为基础开始准备工作。正如本书在实践篇中所讲到的轨道整理、校对时间线（一般来说，视频从时间码 1:00:00:00 开始，这叫作 1H SHOW）、旁白收音室的麦克风设置等。在进行这样那样准备工作的时候，结束剪辑（或者偷溜出来）的导演、客户、广告公司的人逐一到达，大概 30 分钟 ~1 个小时后解说员到达工作室。一番寒暄过后，导演和客户、工程师们会聚在一起讨论旁白录制的注意事项。这时除了自己公司的人（包括工程师和助手），我的工作就是给他们准备进收音室之前的茶水、包装好的点心等（笑）。旁白员尤其需要细心的照顾，饮料不能是乌龙茶（因为乌龙茶会带走喉咙里的油脂，嗓子会变得沙哑）。为了保护好他们的喉咙，有时候我还需要借用工作室里的茶壶，给客人们端上热茶。之后不久旁白员就会进入收音室。通常他们马上开始读稿练习，这期间工程师们需要调试麦克风以及调整增益、EQ 和压缩器等。一切准备就绪后，后期制作就开始了。

基本上导演的工作就是下达工作指示。用导播席的话筒向收音室发出指令。在大多数情况下，首先让解说员观看视频，这是为了让他们能够掌握视频作品的全貌。之后就是按照“那么请从稿子开头开始，一小段一小段录制”这种感觉，一点一点地推进录音进程。因此，旁白稿的写法也需要基于这样的顺序去写（导演的工作）。顺便一提，旁白稿基本上是竖着写的。

首先是测试。工程师在旁白部分之前开始播放视频，导演利用手边的提示按钮提示旁白员的说话时机。一旦按下按钮，收音室里的提示灯就会发出红光提醒进入时机。如此循环 1~2 次之后，我们就会对里面的人说“那么接下来开始正式测试”。

“正式测试”，虽然也是测试，但在测试过程中会进行录音，效果好的话也会采用。虽然是正式录音，但只要在前面加上“测试”两个字，能够减轻旁白员的心理压力，自然就能顺利完成任务。如果没出现什么问题，我们说完“可以了”之后，这个环节就结束了。

一般来说，虽然 take 的好坏是由导演来判断的，不过如果你对此有所困惑，还是可以和客户、广告公司的人等进行协商的。经常让人感到头痛的是说话的音调。虽然一般的词汇可以利用工作室的音调字典进行查询，但如果是造词的话，就需要向客户方确认了。当然了，诸如是否介意唇齿噪声、语句的停顿等技术上的问题可以去咨询工程师。对于工程师们来说，能够及时、准确地回应这些问题，需要积累大量的知识和经验。

按照这个方法将录制推进到最后。总之，重点在于不要花费太多时间在评价上，注意不要让旁白员一直等待。这是因为声音的语调也会随着时间推移慢慢发生变化。

录完一遍之后，有时候还需要根据情况进行“单独录制”。“单独录制”，是指不去朗读视频上的旁白，而是在没有任何引导的情况下，让旁白员朗读旁白，然后将这些内容录下来。在不需要配合标准的录音、想要朗读短文时的表情差异以及凸显话语间的层次感等情况下，往往都会进行单独录制。“请用同样的语调再说几遍”，或者“可以改变声音的张力多来几遍吗”，只对旁白员做出类似上述的指示，然后转动录制按钮提示开始，直到出现好的 take……大概是这样的感觉（笑）。像这样录下来的 take，在混音之前反复斟酌，在必要的地方进行替换，或在后面的其他版本中使用。

录制完旁白后，旁白员就会离开收音室。自然是由我去负责开启、关闭收音室沉重的大门！因为在现场也没有别的事情可以做了（苦笑）。虽然有时候我会在附近休息，中午偶尔也要帮忙叫外卖——用工作室里的点菜单帮大家打电话点外卖……嗯，这也是我的工作（笑）。

之后，工程师们会默默地进行调音和混音。不同的工程师的做事方式也不一样，有些人在录制旁白时或在调音阶段，就会大音量播放嵌在墙壁里的大型监视器，然后开始后期制作，而在混音阶段则是利用调音台上的近场监视器来确认声道平衡。完成这些之后，首先是导演利用近场监视器进行确认（附带视频）。如果导演确认无误，接着由全体人员用大型监视器进行确认。如果是电视广告，就会将视频和声音发送到零售的 TV 上进行最终确认。在回放这些视频和声音的时候，我会主动对噪声进行彻底的检查。尤其要格外注意电视广告的噪声。如果在这个阶段出现差错，那么最终的广告就会在有噪声的状态下播放。说实话，除了我，谁都做不好……有一次我还指出了连

Studio Gallery

当时的工作室场景照，摄于2020年8月。

工程师们都没有注意到的“微小”噪声，由此得到了大家的称赞（笑）。不过，这里我可不是在指责这个项目的工程师啊！像这种需要长时间集中注意力的工作，即便是经验丰富的专业人士，也会因为身体状态不好或疲劳而出现小失误。当然了，我不是说这些失误应该发生，而是说世界上没有完美的人，我也只不过是负责现场声音的其中一员。反过来说，这件小事也侧面证明了多人检查的重要性。

完成混音后，与剪辑好的视频同步播放，然后将其嵌入母带，到此为止都是工作室的人应该负责的事项。根据需要刻录 CD 给客户或公司作品集的配音；如果是 CM 的话，还需要刻录用来交付给电视台的磁带。根据作品的时长，光是这些声音相关的工作，短则要花上 3 个小时，长的话则要花上 5~6 小时。我曾经为某场活动要用的几个成品住到了工作室里，一边与不受控制的眼皮做斗争，一边刻录了好几个 DVD 的视频（内容是完全相同的）。因为检查噪声差点疯掉，现在看来倒是一份美好的回忆（笑）。

以上就是一般意义上的后期制作工作室的工作内容。当时我们是通过磁带媒介（DVCAM/DVCPRO/HDCAM 等）来记录视频素材或成品的，现在基本都变成了数字形式。不过，即便媒介形式发生了改变，我想你们大概也能看出后期制作的全貌。

毫无疑问的是，这些现场经验对我如今的工作起到了莫大的帮助。作为音响工程师来说，我没有从事过实质性的 MA 工作，却和 MA 工程师们建立了良好的关系，向他们取经，或将完成 MA 的 Pro Tools 会话文件带回来，在公司内部的 Pro Tools LE（当时有 native activity 的原始版本）上打开，研究工程师们都做了哪些工作。

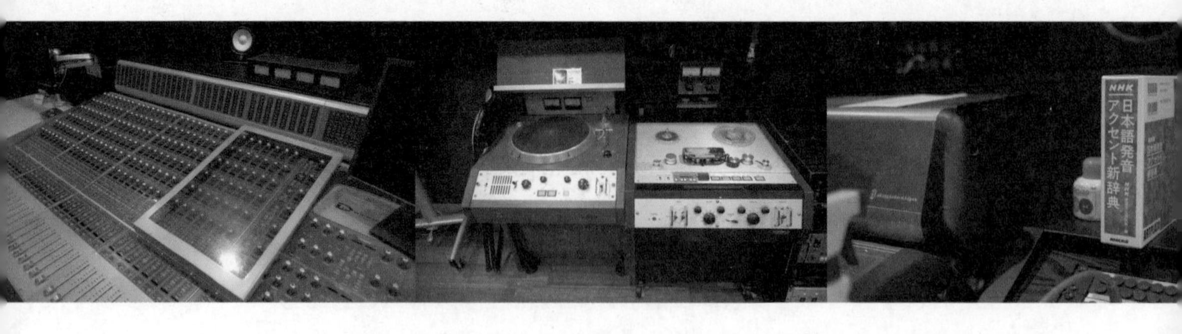

当然了，当时是在模拟混音台上进行 BGM 或旁白的音量操作，插件也与公司内部不同，有时重现不了操作时候的具体情况，所以乍看之下无法得知对方都做了哪些工作。不过，我还可以参考被其他音轨录下来的 2MIX，然后挑战类似的混音工作，或偷偷学习旁白的录制技术、波形剪辑的方法等。

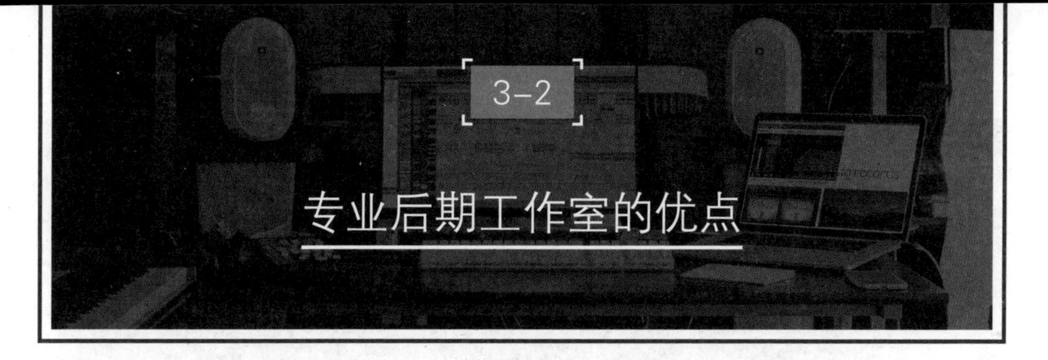

专业后期工作室的优点

既然我们已经知道了专业后期工作室的工作内容，那么它的优越性究竟体现在哪里呢？关于这一点，我来列举一下我想到的优点。

1 完备的声音环境

这一点和家庭后期工作室有着天壤之别。在调整声音的控制室，你可以对声音做出正确的判断，且外部噪声无法进入，所以可以进行高品质的录音。同时，这里能够让旁白员轻松开展录音工作，我们也可以期待优质的录音效果。在家里录制旁白出现困难的时候，我推荐大家去使用外面的后期工作室。

NTT MEDIA LAB 的音控室（2011 年拍摄）是我在影视制作公司工作时经常出入的后期工作室之一。当时，我正在陶醉地看着这张巨大的 SSL 控制台（笑）。当然了，过去的 MA 工作室通常配备了大型的模拟控制台，利用模拟控制台来进行录音和混音。

2 监听环境

这一点和上一点也有联系，尤其以影院上映为前提的商业电影的后期工作，如果不是被称为“混录棚”的专业后期工作室，几乎是不可能实现的。所谓“混录棚”，指的是比普通后期制作工作室更大、环境更像电影院的录音室。我们曾在【准备篇】监听那一部分说过，剧场电影与电视、网络视频不同，声音的动态范围更广，在大音量下声音听起来也会不同。对于这样的混音作品，家庭录音环境是无法满足要求的。

虽然在同一间屋子，上图是现在 NTT MEDIA LAB（MA1）的样子。虽然 SSL 控制台替换成了 AVID S5（数字混音器 / 控制台），不过声音信号基本不通过这里，只是作为 Pro Tools 的音量控制器使用。我记得另一间音控室里也有 SSL 控制台，不过现在好像变成了小型的音量控制器。包括其他后期工作室在内，纯粹的大型模拟控制台正在从 MA 工作室逐渐消失。

即便不是混录棚，从监听环境上来看，拥有大型监听音箱的后期工作室还是不同于家庭录音环境，我个人认为后期工作室是非常值得利用的。

3 工程师的专业技能

与音乐方面的录音、混音相比，MA 工作有着很多不同之处，不过只要努力的话，即便是像我这样的音乐人，也可以学会这门技术。但是，如果对方要求精确快速推进 MA 工作的话，那就另当别论了。例如，旁白录音。在家庭录音室里，只要投入金钱，就能够构建起录音环境和录音器材，但录音时的操作要靠经验来决定。在录音工作上显得手忙脚乱，让客户产生不安情绪这一点是禁忌。另外，像动画后期配音这种需要竖起多支麦克风，分别由 2~3 个表演者来回交替进行的录音，没有经验积累是绝对无法应对的。因为我自己只是体验过专业后期工作室的工作方式，所以接受的订单大都来自能够原谅我迟交作品的熟人客户，并且绝对不会同时接收好几份后期录音的工作（笑）。有时候我会向对方说“请利用专业后期工作室吧”。反过来说的话，想要成为真正的 MA 工程师，进入专业 MA 工作室积累经验才是捷径。

4 专业人士的集聚效应

很多专业人士聚集在同一个地方一起工作，我认为这对后期制作是很有帮助的。例如，正如我所体验到的那样，最终的成品要经过多人的检查，才能避免错误，从而提高作品的完成度。除此之外，因为后期制作须在有限时间内完成，大家往往都会集中注意力，加快判断的速度，情绪随之高涨起来，在某个瞬间迸发出好主意（笑）。在与平时不同的环境中，大家精神饱满地一起工作，就会产生这样的效果。

5 TVCM 等电视台交付媒体的刻录

如果有能力购入几百万日元的录音机，且遵守各种严格规定的话，那么说不定个人也可以接下这类工作，不过这一点基本是不太能实现的。另外，原始数据的输入和管理，万一出现什么差错，到时候让谁去承担责任呢……（苦笑）。所以，还是去拜托专业后期工作室吧。

怎么样？说实话，从设备的音质来说，现如今即便你在家庭录音室进行后期制作，说不定也不输给专业的后期工作室。当然了，暂且不论便宜的器材，如果你能在一定程度上投资这些音频设备的话，那么在自己家里进行后期制作是绝对可以的。不过，专业的后期工作室在室内音响和录音环境上有着绝对性的优势，鉴于这些差异以及音响工程师的专业技能等，我们还是应该好好利用专业工作室！另外，在接受 MA 工作委托的时候，即便在自家进行后期制作也一定要保证该作品的质量。如果实在不行的话，就好好向委托人说明，让他确保我们这边利用外部工作室的预算。

专栏

电缆改变声音

现在一般家庭都会使用无线音箱或无线耳机。不过，在制作现场，几乎都是利用电缆进行连接的。无线设备通常都会发生音质劣化和发送 / 接收延迟的问题，如果不是有线连接的话，各种麻烦事都会接踵而来。所用的电缆不同，声音品质也会发生变化。对声音感兴趣的人，应该或多或少都会有所了解，但我相信很多人都是抱着半信半疑的态度。

在制作现场，我们会用到很多种电缆，比如麦克风线、连接线、USB 线、电源线等，这些电缆都会对音质产生影响，经验证明这是事实。很多人能够理解模拟电缆改变音质，但 USB 线等数字电缆也能改变声音，很多人估计都很难相信。这里我不过多解释为什么声音会变了！因为那太疯狂了（笑）。不过，作为实际体验，我只想告诉大家“声音会改变”。

只是，电缆很贵啊……便宜的电缆，1m 只要几百日元，但音响上用的电缆要几万日元，很多产品的价格甚至超过了 10 万日元。可能有些人觉得没那么昂贵，可是我拿不出那么多钱，呵呵（苦笑）。话虽如此，使用便宜的电缆，有时也会发生故障。噪声太大，软焊太多导致发不出声音……音质上没有层次感，给人的印象非常模糊。那么，我们应该在哪里去购买什么价位的电缆呢？

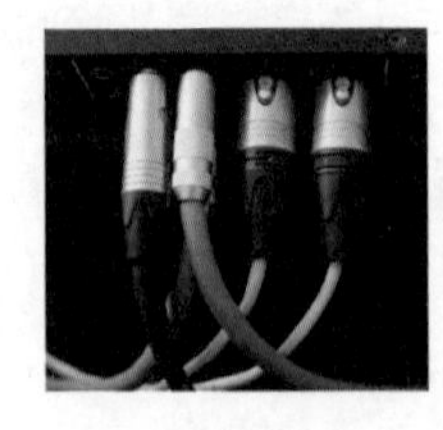

将我喜欢的音频 I/F 与监听音箱、主控录音机连接起来的电缆。从左至右分别为 Belden8412（TRS）、OyaidePA-02（TRS）、Toneflake WAGNUS 定制电缆（Belden 使用 XLR）。

以下是我个人的想法，如果在自家录音室中更换电缆的话，首先要考虑以下几点。

- 从音频 I/F 连接到监听音箱的电缆。
- 连接音频 I/F 和 PC 端的电缆（USB、Thunderbolt、以太网等）。
- 音频 I/F 的电源线。
- 如果是麦克风录音，那么还需要考虑麦克风电缆。

不要一开始就购入价格昂贵的产品，像 Belden、Mogami、Canare 等这些经典款电缆就足够了。这些品牌都是从很久以前开始就被各大录音室所使用的。另外，Oyaide 旗下的电缆产品，兼具音质和价格上的优势，受到了广泛的好评。总之，我们要在重要的地方使用让人放心的产品。

电缆就是所谓的“沼泽”，纠结起来会没完没了（笑）。曾经我对此也有过纠结，不过现在冷静下来了。根据自己的制作风格和想要呈现的效果，再去择优购入器材。

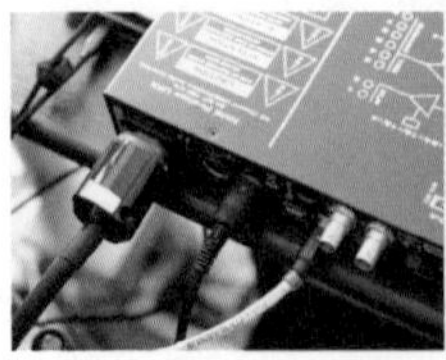

（左）音频 I/F 使用的电源线是 Oyaide 旗下的 Black Mamba-α（图左侧），USB 线使用的是 Toneflake WAGNUS Milky Beamz Out USB（图右侧）。中间的键盘用的 MIDI 电缆。
（右）在麦克风录音中常用的电缆有 QAC-202（左）和 Mogami2549（右）。在上述的电缆当中，我根据使用长度购入了好几种电缆。

第4章

为视频制作的音乐

为视频制作的音乐是什么？

为电影、电视剧、动漫、游戏、广告等视频制作出来的音乐，从所发挥的作用和相应的制作方法来看，还是与独立的音乐作品是不同的。

虽然我是音乐家中的无名之辈，但还是想就这一点来重新探讨一下。

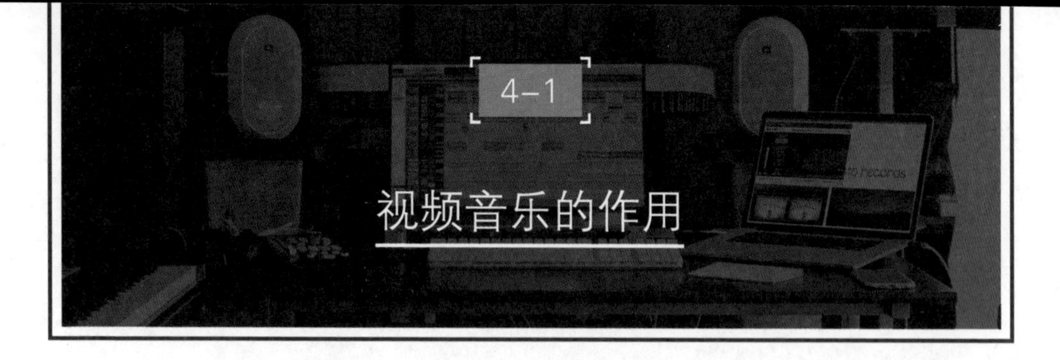

4-1 视频音乐的作用

说到视频音乐，首先映入脑海的还是电影、电视剧、动画中的伴奏及CM 音乐等。类似这样的音乐作品和排行榜上的音乐作品，究竟有什么区别呢?

首先，成分是不同的。独立的音乐作品，从作品本身来看就是令人欣赏的。但是，视频音乐失去了视频，基本上也就失去了意义。当然了，如果将视频音乐作为独立的音乐作品来欣赏的话，大多数情况下给人的感觉也不错。不过，这和视频音乐原本承担的作用不能混为一谈。

在视频音乐中，根据是视频优先还是音乐优先，在制作方式上也存在着差异。像电影配乐等形式的音乐，基本上都是先有了视频，再去配合视频内容去制作音乐。展开声音的方式和标准都会受到视频内容的支配，曲子的数量也取决于电影的内容。

与电影相反，电视剧和动画通常都是先制作音乐。剧本或原著等故事层面的信息，加上类似“突出主人公的勇敢”这样写明制作要求的音乐提示，根据这些信息来制作数量庞大的音乐。这些音乐最终会被用在哪一个场景，是由负责选曲的人来决定的，作曲家无法得知自己创作出来的音乐会被用在什么地方，最后即便用在了与当初的计划完全不同的地方，也是没有办法的事情，这样的情况好像还真不少（笑）。

商业广告音乐……我并没有多少相关经验，所以很难展开说（苦笑），大概两种情况都有吧。从我曾经的项目经验来看，就是要先确定印象。因为商业广告充满了变化，所以制作固定印象的视频本就是不可能的。这样想来的话，大多数情况下还是先确定广告印象。

总而言之，电影音乐是“只为那个人定制的衣服”，而电视剧和动画的音乐则是“虽然是定制的，但不知道是谁穿，所以做了很多！”两者之间的差别大概就是这样的感觉。

从工作量来看，企业 VP 的音乐是最多的，基本上我都是提前在企划书和分镜中讨论好音乐的大致方向，然后拿到拍摄好的临时视频，根据这些视频去制作音乐。总之，定好大致的框架后，我就会先将母带发给导演。当然，各个镜头的长度有时候会发生各种各样的变化，所以每次都需要改变音乐的构成和节奏……如此反复，直到最终完成为止。

不管怎么说，我认为“视频音乐大多是效用音乐”。所谓效用音乐，指的就是能够对所伴奏的剧（视频）起到一定作用的音乐。伊福部昭是日本现代音乐史上不可或缺的人物，这个想法就是他提出来的。受到伊福部昭熏陶的作曲家曾在我学生时代教导过我，所以我心底也赞同这样的想法。那么，接下来我们就以电影音乐为重点进行说明吧。

伊福部昭先生曾说：“有人认为音乐中包含了故事、思想、情景、感情等，这是我们对音乐的误解……” 20 世纪的作曲家伊戈尔·斯特拉文斯基曾说过：“除音乐之外，音乐什么也没表现出来。”他或许是受到了纯音乐（绝对音乐）的影响吧。效用音乐利用了上述这种误解，所发挥的作用只是电影等的伴奏。

那么，具体来说，有哪些效用呢？对此，伊福部昭提出了“音乐效用四原则”。

◎音乐效用四原则

①时空的设定

根据曲调和音色，设定时代和场地。

例如，故事发生在开拓时代的美国西部，借助乡村音乐来表现就是最典型的例子。

②强调（Interpunkt / Kontrapunkt）

强调故事所附带的氛围、情怀、感情等。

通过在欢乐的场面中加入欢快的音乐，在悲伤的场面中加入悲伤的音乐，以此强调氛围的方法叫作“Interpunkt”。

与此相反，通过在悲伤的场面中加入欢快的音乐来强调悲伤，这种方法叫“Kontrapunkt ”。

③连续场景的确立

在不连续的片段背景中一直播放同样的音乐，借此让人以为这是同一时间进行的电视剧，这就是戏剧序列的明示效果。

④乐曲的上镜头性

为视频的诗意表现填充音乐。

例如，对于高速摄影或延时摄影的视频等，要求提供某种音乐。

但是，是否要加入音乐，取决于作曲家、导演、音乐导演的判断。

在思考如何在视频中加入音乐以及在何处加入音乐的时候，上述的四点就像是路标一样的存在。另外，伊福部昭说，在配合视频制作音乐时，“唤起”是有效技巧的基础。

◎唤起 1

①旋律

→唤起喜怒哀乐等情感或感伤的情绪。

例如：通过小调的旋律来表现悲伤的情绪。

②和声

→唤起思索、宗教性、哲学、理性思考的状态。

虽然听上去像是悖论，但借助单旋律、没有调子，类似拨动小提琴一般的音乐，我们可以表现出疯狂的情感状态。

也就是说，从某种意义来看，附有和声（和音）的音乐是很普通的状态，酝酿出某种不明的氛围感。

③节奏

→唤起画面或画面内的运动。

用沉重而有节奏的乐句表现巨型怪兽的登场。

◎唤起 2

根据声音的强弱和音域（量感）所唤起的效果总结如下。

	演奏	音色	唤起的印象
音域广而强的声音	多人带来的强奏	圆号、大号、定音鼓等	雄伟、庄严等
音域广而弱的声音	多种乐器或人声的弱奏	圆号、大号、定音鼓等	平和、富有情感、温柔等
音域窄而强的声音	各种乐器的极限高音域所带来的强奏	小号弱音器、双簧管等	刺激、轰动、震惊等
音域窄而弱的声音	1 种或少数乐器带来的弱奏	带有弱音器的小提琴、小号弱音器、双簧管等	纤细、柔弱、纤弱、无力等

所谓电影音乐，指的就是运用上述的技巧来制作对视频起到辅助作用的音乐。因此，电影音乐并不是像“咦？音乐响了吗”这种覆盖视频的音乐，我个人认为最理想的电影音乐是能够将观众带入电影世界的音乐。有时候我们单独去听电影音乐，可能会感觉不够完美，显得有些单调，让人产生虎头蛇尾的感觉。不过，作为电影音乐，这样就足够了。

鉴于电影音乐的不完整性以及当时从事戏剧伴奏的人工作能力普遍不高（在那个时代，从事这种工作的人往往是为了糊口……）等，考虑到种种不利的条件，伊福部昭在生前坚决不将自己经手的电影音乐灌制成唱片。从那个时代来看，现在提起戏剧伴奏，完全是职业作曲家的理想职位吧！不过，音乐的内容变得越来越多元了，这里介绍的也不是电影音乐的全部。本书不是作曲指南，对此感兴趣的读者可以自行学习。如果这些内容能够启发大家去思考电影音乐的本质，或能够对将来制作电影音乐的人有所启示，这将是我莫大的荣幸。

专栏

音乐库服务

很久之前，一提起在视频中使用的公版音乐，基本上都是CD形式的音乐库，如果签订契约的话，定期会有新作的磁盘送过来。不过，最近这些音乐都实现了在线化，利用的难度降低了。例如，知名的网站有ARTLIST、MUSICBED、AUDIOSTOCK等。对于每首曲子的使用契约，用户可以根据自己的情况进行选择，很多视频制作者都会利用这种音乐库服务。

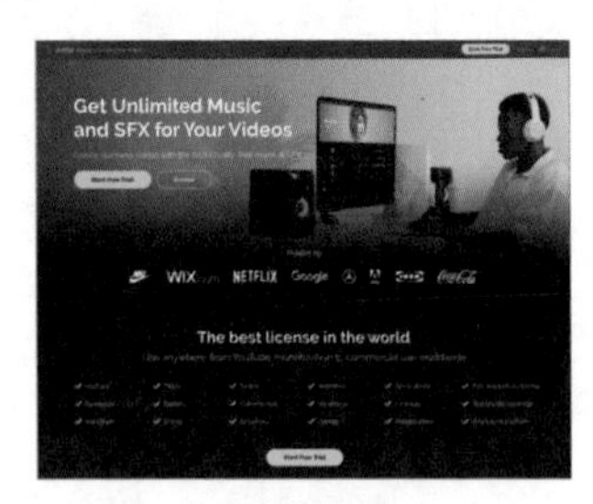

ARTLIST

这种音乐库服务所提供的音乐，不管是专业作品还是业余作品，都由世界各地的音乐人与各服务网站签订提供音乐的合约，音乐人完成歌曲后上传至服务网站。这一点有点像在SoundCloud和YouTube上发表作品，决定性的差异在于如果有人使用了那首歌，音乐人就会有钱入账！所以，做音乐的人可以选择在这种音乐库服务网站发表作品并获取收益。我在前面打了一个“电影音乐是完全定制的……”的比方，那么这种音乐版权网站完全是“现成品”。从世界各地的工匠那里收集物品，然后卖给有需要的人。因此，即便单价便宜，若是没有人气的话，也就不会有收入了。

顺便说一句，我完全没做过这种事！

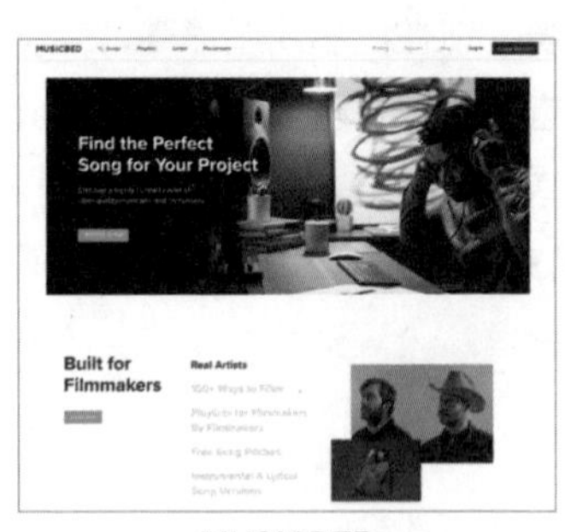

MUSICBED

我本来就是音乐不储存主义者（笑）。特别是在视频音乐方面，我想坚定地配合视频内容和导演要求来制作音乐，所以没有心思去制作不知道将用在何处的音乐作品。当然了，其中也有音乐作品太少的原因……但是，那些制作着各种各样的歌曲的人，还没有找到合适工作的人，利用这种服务来赚钱也是有的。但是，关于著作权，我们最好还是仔细确认后再去登记（签约）。因为一旦签约成功后，即使你想在自己的现场演奏也不行，当然也不能用于签约服务网站以外的商业用途。

从事视频制作的人们经常追求“不与他人重复，易于使用的乐曲”。如果想将自己的音乐传递给这些人的话，最好试着挑战一下。不管怎么说，如今依靠音乐赚钱变得越来越难了，我认为有必要去探索各种各样的可能性。

AUDIOSTOCK

第 5 章

篇末采访

最后，我们采访了活跃在 MA 界和音乐现场第一线的工程师和作曲家们，还有致力于创新的后期制作工作室，将这些采访作为本书的结尾。对想从现在开始学习 MA 的人，或想进一步提高制作水平的人来说，本章的内容是非常具有参考意义的，请大家一直读到最后吧！

5-1

采访 1

利用露营车也能工作的 mobile&remote MA 的实践者

小牧修二

小牧先生曾经在大型的后期制作工作室担任 MA 工程师，后来自己独立出来创业，创立了 Recmix's 股份有限公司。很早之前他就开创了 mobile MA（移动型 MA）和 remote MA（远程 MA）等独特工作风格。我和小牧先生大约相识于 10 年前，那时他承担了我所负责的电影的 MA 工作，以此为契机开始了来往，直到现在也保持着很好的联系。新冠疫情导致我们的工作方式发生了很大的变化，在这个时代，小牧先生的工作风格非常适合现下的我们。关于这方面的事情，我问了不少哦！

在网络商业广告不断涌现出来的时候，制作方为了控制预算，一般不去拜托外面的个人工程师，而是全部交给后期制作工作室，这种情况越来越普遍，我们这边的工作也就越来越少。这时，小牧先生提出“没有工作室也可以做”的提案，这就是 mobile MA 的雏形。他们将所有设备拿到制作公司和后期制作工作室的会议室等，在这些非录音棚的房间里录制旁白，进行 MA 工作。

——原来是这样。对制作方来说，不使用录音室可以控制成本！但是，那样的空间却并不适合录音……在质量上能过关吗?

mobile MA 的状态（会议室）

和正规录音室相比，肯定还是存在差距的。总之，我们需要设法避免拾取环境噪声和回音，还有在调音时需要利用降噪器应对。但是，能够接受这种操作的往往是预算比较低的网络广告。如果是电视广告，在视听方面有着非常

mobile MA 时的旁白录制环境

严格的标准，所以我并不推荐 mobile MA。麦克风使用的是 NEUMANN 的 TLM102。录音室的经典款麦克风 U87Ai，价格昂贵，所以一般不会购入使用，如果使用了 U87Ai（包换录音环境在内），那和录音室也就没什么区别了。

——果然从品质上看的话，选择在正规录音间录制是最好的。工作室绝对会更胜一筹！而且，器材的选择也能让人信服！根据目标投入成本这一点是很重要的。

那么，反过来说的话，在某种程度上你不想准备一家正规的录音室吗？

很早之前我就在自己家中搭建好了录音室，可是一直没有客户过来。所以，我在惠比寿借用了一间录音室，自己动手在录音间贴上吸音材料后开始了 MA 工作（笑）。在麦克风录音中，最令人苦恼的还是声音的反射，即便在后期工作中插入插件处理也不行。最后，我虽然进行了调音，但是并没有得到比原始声音更好的声音。如果想要自己搭建录音间，最好选择在狭窄的空间内利用吸音材料将四面包围起来。在这样搭建起来的录音室里，我虽然能像在商业录音室那样进行 MA 工作，但是考虑到工作倾向和维护费用等，3 年半左右就终止了。

——录音室的运营也很辛苦啊……但是，考虑到现在很多人因为疫情无法聚在一起工作，虽然 mobile MA 是因缘际会之下的产物，但不得不说这真是非常英明的决定啊！这样一来，我对另一种风格的 remote MA 就很感兴趣了！

我们从客户那里接收到原始数据（视频 / 音频）后，从输入到最终混音的全部工作都是通过远程协作完成的。我自己七成左右的工作是完全靠远程完成的。今后说不定面对面工作的机会会越来越少，我们这一行也不例外。远程会议也会变得越来越常态化。

——其实，我从 2017 年年末开始运营的“拜托了 MA”也差不多（笑）。如果说有什么区别的话，那就是目标人群不同。基本上来委托我制作的都是个人或团队比较小的创作者、制作公司。我觉得小牧先生的工作范围好像要大一些？

个人创作者偶尔也会来拜托我们。但是，双方常常因为预算无法达成一致（苦笑）。

——太好了，那就没有竞争了（笑）。

对了，我还听说小牧先生使用野营车工

remote MA（自己家中的录音室）

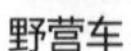

野营车

野营车内的工作空间

作，接下来请说说这一点吧！

因为我本身很喜欢野营，所以买了一辆轻型野营车。在野营车里也是可以工作的哦（笑）。我也做过外景现场的同录，从一个现场转移到另外一个现场的途中，我在车上给电池充电，在等待的时间里整理数据，等等。之前还有过在私人外出时的露营场进行 MA 的经历（笑）。所以，我出门时一定会带着 MacBook 和 iLok （Pro Tools 等使用的 USB 加密狗），这样不管在什么时候有人来联系我，我都能应付。我觉得“快”才是优点。

——小牧先生自嘲是个工作狂（笑），不过从委托方看来，这一点让人很宽心啊。

那么，最后您对今后想从事 MA 工作的人有哪些寄语？

我认为在衡量视频质量这一点上，声音品质所占的比重相当高。所以，我希望大家能好好理解这一点，然后再去完成混音。只有察觉到别人没有注意到的事情，你才是专业的混音师。另外，不要抱有诸如“我是混音师，所以不负责音响效果”等给自己设限的想法。从我个人来说，平时都会将环境音和喜欢的声音录下来，如果觉得对所负责的项目有用的话，不用别人提醒就会主动放进去（笑）。我一直认为这是我的强项，有些导演因为欣赏这一点而来委托我。在我看来，能同时在多领域胜任工作的人，今后才会有工作找上门来。

5-2

采访 2

致力于实践 MA 远程录音的声音后期制作手法

L’ESPACE VISION

上：中田先生
右：袴田女士

在本书中，我写了很多关于利用自己家中录音室进行 MA 工作的内容，同时也说明了声音后期制作工作室的重要性。为了视频和声音而筹备起来的录音环境，对完成视频作品来说是非常有意义的！但是，从新冠疫情肆虐的时候来看，虽然这种录音室满足了“密闭、密接、密集”这 3 密要求的场所，用起来还是会让人有点不安。因此，与其他行业一样，利用远程录音寻找出路变得越来越普遍了。因此，我们采访了最早开始 MA 远程录音的后期制作工作室——L’ESPACE VISION 。负责阐述的是该公司的中田先生和袴田女士。

L’ESPACE VISION 一直承接的都是来自广告、电视剧、电影、企业 VP 的 MA 工作。由于公司的发展路径，与其他类型相比，音乐相关的声音后期占据了相当大的比重。现在尤以演唱会现场视频的剪辑或 MA 工作居多。

——确实如此，L’ESPACE VISION 在音乐方面拥有强劲的实力。先前我在浏览贵公司官网的时候，对你们亲自参与作曲这一点产生了兴趣。当然了，贵公司的作曲能力是让人信服的！（顺便一提，据说作曲者是袴田女士！）

那么，你们是从什么时候开始进行 MA 远程录音的呢？听说开始得相当早……

工作室环境

具体推进是在新冠疫情蔓延之后，其实早前就陆续引进了搭建远程录音系统的器材。我们公司有摄影部，之前他们就询问过能否远程演示。由于在那个时候搭建好了系统，并且掌握了远程录音的技巧，等到疫情扩大时我们就一鼓作气地开始了。

——原来如此，就是说在新冠疫情之前已经有远程的需求了。那么，我个人比较感兴趣的是这个系统。因为我从来没有体验过类似这样的 MA 远程录音，比较关心的是画质、音质以及是否会发生网络不稳带来的延迟问题？关于这一点，下面请您详细介绍一下吧！

现在的远程录音系统有两类。第一类是画质、音质优先的“L’espace Cloud View”系统（图 1）。视频和声音都是利用专用系统进行发布，通话则是利用 Zoom 和电话等手段进行。因此，我们的客户也需要准备用于“视频 + 声音”的器材和用于通话的终端。发布方是我们公司，因为系统设定的缘故，会晚于 YouTube 这样的实况发布平台，不过实际的延迟时间大概在 2 秒。如果是其他系统，就会出现 30~40 秒左右的延迟，预览工作也就无法顺利推进了（苦笑）。顺便一提，其实发布方的视频与声音多少都会发生错位（最短不足 1 帧），由于播放时视频与声音是分开编码的，所以现在也没有办法解决这种错位问题。另外，为了得到稳定的视听环境，请使用指定浏览器和推荐网络的有线连接环境等。关于音质，在 Pro Tools 上以 48kHz 进行制作，在发布上也可以以 48kHz /320kbps 进行发布，这样的话就能得到比使用 Zoom 等更出色的音质，大家可以检查一下。

图 1　L’espace Cloud View 系统图

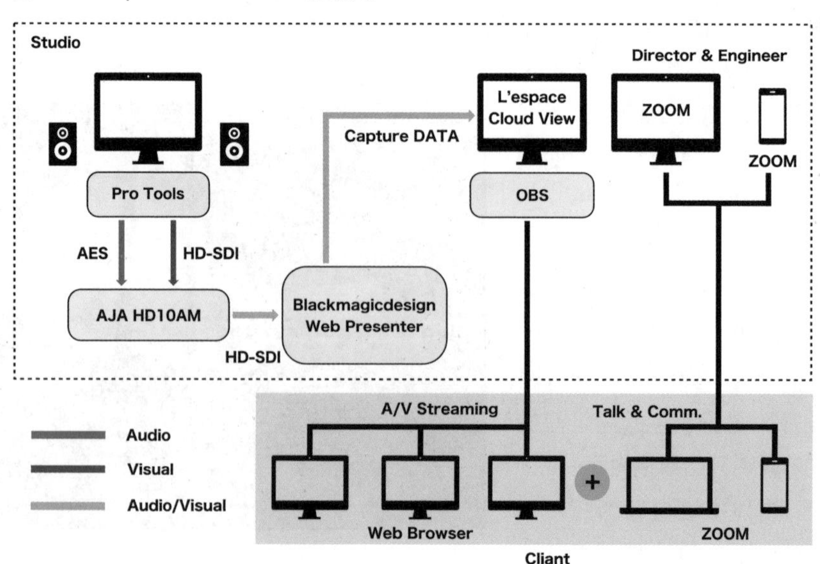

还有一类是只使用 Zoom 的系统（图 2）。虽然画质和音质较差（现在是 48kHz），但是对观众的视听环境要求较少，所以不少人都会选择这类系统。不管怎么说，与其说是用来确认完整内容，不如说是用来确认表情和实录。MA 工作结束后会发送视频文件或完成 MA 后的声音进行确认。

——正是因为以前就搭建好了这样的系统，所以你们能够迅速应对现在这样的局面。将来网络广播技术会以惊人的速度发展，画质、音质以及使用的便利程度都会越来越好。那么，远程录音的操作流程是怎样的呢？对那些想要利用这种方法的人，请您一定要分享一下！

首先，确认一下远程录音的环境是否正如你所希望的。例如，如果是今天接到远程录音的要求，其中有些客户是利用 iPhone 参加的，那么我们就提议进行只有 Zoom 的远程录音。根据这些客户的环境和要求，我们会提供选择系统的建议，接下来只需发送用来发布的 URL 和密码了。在进行后期制作前的 1 个小时进行发布测试。通常这个阶段让客户确认一下环境上是否存在问题，然后我们进入 MA 工作。利用无线环境观看的时候，虽然多少会出现一些问题，但是基本上不会出现工作 bug。

实际上，最常见的情况是只有客户是远程的。进入录音室的是制作公司 1 人、制作人 1 人、代理商 1 人，然后就是导演。还有旁白录制人员。因为防疫的缘故，能够进入录音室的人员不得超过 6 人。

图 2　使用 Zoom 的远程录音系统图

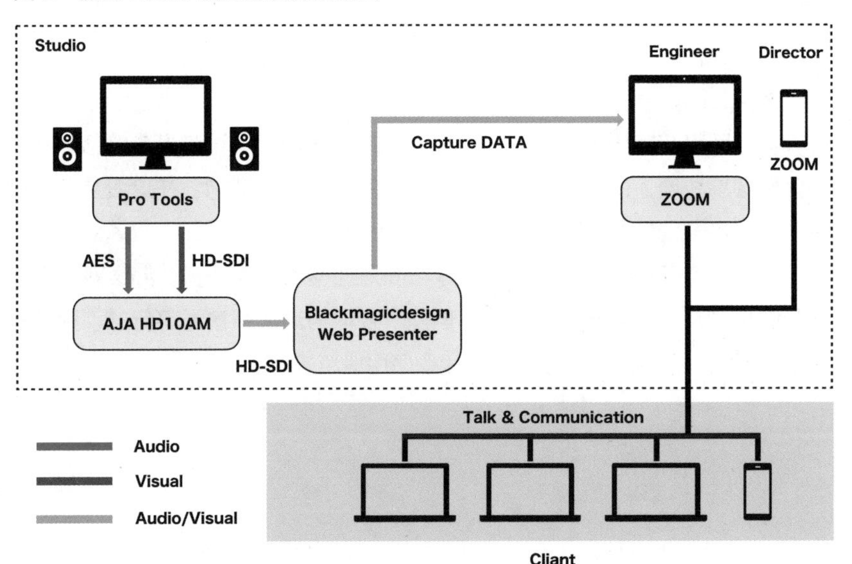

——如果只使用 Zoom 的话，感觉上与普通的在线会议是差不多的！即使检查时的画质与音质会变差，但是几乎所有的客户在过去都是从事过 MA 工作的人，所以能够将最终成品的质量放心交托给你们。不过，还是要注意一下网速和连接环境。

对了，在音乐界也尝试过远程录音，即与外部录音室或旁白员的住宅建立联系，然后进行远程录音，你们也做过这样的事情吗?

从技术上来看可行，我们也在不断进行验证，不过还没有形成标准，所以工作上暂时不能接受这种形式。系统方面的话，我们一直都在利用 Soundwhale 这款软件进行验证，验证的只有音频、不加入视频的状态，不过在声音延迟和音质上都没有出现问题。在实际应用的时候，还要考虑给旁白录制人员寄送计算机和用于录音的麦克风。由于计算机本身是远程操作的，所以只需要旁白人员说话就可以了。我们在职员的家里测试了一下，似乎靠近麦克风录制就可以。如果作为背景音乐使用，应该可以达到在电视上播放的水平。不过，要是类似夏天里的蝉，这时该怎么办呢? 我比较担心这一点（苦笑）。

——果然也在考虑远程录音啊。这样一来，住在偏远地区的解说员也会得到更多的机会。路上的移动时间和交通费用也不容小觑啊。虽然现在的远程操作大多是为了避免面对面的交流，但原本的目的确实在于压缩像这样的时间成本和开销成本。

如果和普通意义上的录音室比较，远程录音确实可以缩短不少时间。另外，客户的要求似乎也比平时在录音室时宽松不少。所以，与之前相比，工作流程紧凑了不少，多出了很多无所事事的时间（苦笑）。

——最后，让我们来谈一谈远程录音的优缺点以及未来吧。

由于工作本身变得紧凑了，所以日程也容易理解了。利用这种系统的人还不多，所以在空闲的时间里加入其他项目，这样逐渐稳定下来的话，我觉得会更容易协调。即便是远程录音，得到的费用是一样的。在这段空下来的时间里，如果没有人来拜托我们工作的话就麻烦了（笑）。

最困难的还是沟通，这一点毕竟和面对面交流不太一样。如果双方不熟悉远程录音，沟通起来会很困难。但是，我认为远程录音是可行的，只要双方不断摸索可行方法，我想远程录音会使用得越来越多。

5-3

采访 3

从视频导演转型为作曲家

中岛康弘

我和广告音乐作曲家中岛先生相识于社交软件。一开始，我们关于音乐制作软件等话题畅谈了不少，由于双方都有视频制作行业的经验，所以聊得很投机，至今仍保持着友好的交流。中岛先生的经历和我相似，所以我问了不少自己想问的问题，对于今后想要从事音效工作的人以及想要转行到其他行业的人来说，希望能够带去一些启示吧！

我曾经在影视制作公司、广告企划公司等都有过工作经历，有时会申请调到更感兴趣的部门，或直接和社长进行交涉，从剪辑师开始做起，逐渐变成能够自己主导工作的导演，不过这中间经历了很多波折。最初，我并没有想要制作音乐，在公司担任摄影助理的时候，我曾经想过“这辈子只能做视频了！”后来发生了很多事情，我再也无法忍受了（苦笑）。那之后，由于从学生时代就一直作曲，后来我在兼顾公司工作的同时开始自己制作音乐。

——原来如此。果然和我的经历很像。我曾经在影视制作公司工作过，虽然是作为导演候选人进入公司的，可不久便去和社长说“我是音乐家，真的不想做视频了”（苦笑）。所幸，由于公司没有专门的音效师，所以我

中岛先生的作曲室，主要器材是 iMAC Pro。监听音箱是 PreSonus Sceptre 6，主键盘是 NORD Nord Grand。从这些设备上我们能感觉到中岛先生对声音品质的追求。从靠里的架子上还能看到 NORD Nord Lead A1R。

中岛康弘　作曲家

受到游戏音乐和现代音乐的影响，中岛先生从十几岁开始用计算机作曲。曾就读于大阪艺术大学视频学专业，上学期间自学了电影・视频作品中的作曲方法。因为负责德国影视制作公司的工作，以此为契机开始涉足日本国内外广告片、电视剧、动画、音乐剧的音乐制作。不仅能在考虑表演意图的基础上进行缜密的声音制作，还能敏锐捕捉不影响表演的旋律性，工作风格受到了业界的广泛好评。

一边担任所有导演的视频制作助理，一边作为音效师工作，选曲、制作效果音、用 Pro Tools 制作声音后期前的录音数据。虽然一直想着要不要放弃啊（汗），不过就像中岛先生说的那样，如果这是你十分想做的事情，最好还是表达出自己的想法。

为了转型为作曲家，我花了相当长的时间准备。在制作公司工作的时候，我基本上和所有人都说过“我也会制作音乐哦”。另外，在自己担任导演的项目中，我也会采用自己的曲子（笑）。尽管如此，从工作经验来看，我的工作还是集中在视频制作方面，当时不知道如何让别人知道我是作曲家，怎样做才能引起别人的兴趣……总之一直处于非常不安的状态。走向独立前那段漫长孤独的准备时间以及独立后因为业绩不好而只能独自销售和制作的时期，这段痛苦是我再也不想重新经历的（苦笑）。

——是啊，如果想要在自己的人生路上一往无前，抱着半吊子的心态是绝不可能成功的……不过气势虽然重要，战略同样不能草率！现在，社会上有不少人都从公司职员转型成为自由工作者，想要考虑独立的人请把这一点铭记在心。

那么，中岛先生是如何摆脱这种不安状态的呢？

当我还是公司职员的时候，我就将自己制作的音乐上传到了 SoundCloud（德国的音乐投稿网站，类似于 YouTube 的音乐版块），有一次我接到了来自德国制作公司的报价。一开始以为是垃圾邮件，完全没有在意（笑）。之后，对方联系了在这首曲子中负责大提琴演奏的法国演奏家，他对我说“这是正规的制作公司，还是联系一下比较好”（笑）。

——有点像现在的出道秘闻哦！我实实在在地感受到了网络的发达抹除了国境的限制。

这个作品是一家德国酒店的广告，从这之后我逐渐被介绍给了其他导演。其间，我与柘植导演一起负责了谷歌的军舰岛项目。这个项目取得了广泛的好评，这才感觉到自己的事业有了起色。

——嗯嗯，果然口碑是非常重要的。总之，首先要做的是制作并发表自己的作品！不去实践，你就永远无法开始下一步。那么，中岛先生在踏上作曲家之路后，完全放弃了视频制作吗?

模拟合成器 BEHRINGER（图片上方）以及小型数字合成器 Teenage Engineering OP-1（图片下方）。说到中岛先生的音乐，首先想到的是管弦乐之类的作品，我将这些片段拼接到一起做了实验。

我没有公开说过这件事，如果是关系不错的前同事来拜托视频制作上的事情，我还是会接受的（笑）。所有的项目基本上都是我自己在做，有时根据项目的不同，也会去拜托音效师和灯光师。虽然我自己有一些摄影器材，不过因为不想要忘带东西，基本上都是租用别人的。总之，在现场注意不要让自己因为慌张而出现失误。有时候我也会做些声音后期方面的工作，如果项目比较复杂，或需要现场操作的项目，我都会去拜托 MA 工作室的工程师们。专业人士还是不一样的！虽然做音乐的人转型去做声音后期的门槛比较低，但是在混音和后期制作上，专业人士的水平还是更胜一筹的。我觉得这方面还是要好好学习。

——中岛先生果然还在制作视频啊。真厉害啊。我是从视频转向作曲的，直到现在还觉得视频制作太过烦琐，已经不想自己做了（苦笑）。如果视频和音乐需要花费同样的工夫，我觉得音乐制作更加有趣，想要做的事情也更多……我现在的感觉就是这样的（笑）。

最后，请您对想要从事音效事业的人说几句话吧！

希望大家抱着“跃跃欲试”“看上去很享受”这样的心态。不管是练习也好，还是学习也罢，总之都要开心去做！仔细研究优秀的音乐作品，然后在这个过程中将自己想到的好点子或注意到的事项都记录下来。另外，自己真正想要做的是什么，不管是什么内容，请将这些内容好好保留下来。将感觉上的想法借助文字记录下来。有时候我们一旦忙碌起来，就会忘记这些想法，所以要养成随时回顾先前想法的习惯。最后，不要害羞（不管是你自己还是你的作品），不断地将它们表现出来吧！

后　记

声音是我们无法看见的，如果想要说明声音的内容，就必须转化成语言。为此，很多图书都附赠了 CD，或引导读者打开相关链接网站。但是，本书没有准备这样的声音样本。另外，我想要声明的是，本书内容完全是从我个人创作风格出发的，并没有沿袭业界的惯例或常识。我所掌握的知识和技术都来源于自学，学习从来都不是被动的，所以我强烈希望阅读本书的朋友们不要急于得到正确的答案，而要积极将掌握到的知识和技术付诸实践，用自己的耳朵和头脑去做出正确的判断。不要怀疑这本书的内容（笑）。请大家时常想象自己心中理想的声音，并且努力去靠近它。为了实现这一点，尽可能多地去听些优质音乐（作品），然后不断去试错！这样一来，我们就不会被日新月异的器材和网上泛滥的信息所迷惑，可以创造出属于我们自己的独特音乐。当然了，理想声音的标准也要随时更新哦！因为探索的道路是无止境的。

在这里，我要感谢平时在器材等方面不断给予帮助、撰写本书时也一直施以援手的宫地商会宫地乐器 RPM 的 S 先生，银一有限公司海外商品部的 S 先生以及罗兰有限公司 AV 营业部的 K 先生。另外，对协助采访的各位，以及从连载时开始负责本书的玄光社 VIDEO SALON 编辑部的 I 先生，其他参与本书的工作人员表示诚挚的感谢。

最后，对拿到本书的各位来说，我想表达的就只有爱了！这本书是通向 MA 之路的一个入口。各位如果能够从这里用自己的力量开辟出新的道路，那就太好了。我衷心祝愿大家都能在不久的将来大展宏图。

2020 年 8 月 8 日　三岛元树

反侵权盗版声明

举报电话：（010）88254396；（010）88258888

传　真：（010）88254397

E-mail：　dbqq@phei.com.cn

通信地址：北京市万寿路173信箱

电子工业出版社总编办公室

邮　编：100036